普通高等教育数据科学与大数据技术系列教材

数据科学中的数学方法

任景莉　著

科学出版社

北　京

内 容 简 介

数据科学的理论基础是数学. 本书共六章. 前三章系统介绍了数据科学里广泛使用的线性代数、概率论、微积分以及最优化理论的相关基础知识; 后三章简练阐述了网络分析、量子算法、大模型的基本数学原理和一些代表性算法. 书中部分应用案例源自作者的原创性工作, 通过发现问题、分析问题、解决问题的逻辑链条, 生动展示了数据建模在解决实际问题中的应用路径.

本书可作为大数据相关专业本科生和研究生的参考书, 也适合对数据科学感兴趣的自学者研读.

图书在版编目(CIP)数据

数据科学中的数学方法 / 任景莉著. -- 北京 : 科学出版社, -- (普通高等教育数据科学与大数据技术系列教材). 2024.12. --ISBN 978-7-03-081002-1

I. TP274; O1-0

中国国家版本馆 CIP 数据核字第 2024BT9814 号

责任编辑：王丽平 李 萍 / 责任校对：彭珍珍

责任印制：张 伟 / 封面设计：马晓敏

科学出版社 出版

北京东黄城根北街 16 号

邮政编码: 100717

http://www.sciencep.com

北京华宇信诺印刷有限公司印刷

科学出版社发行 各地新华书店经销

*

2024 年 12 月第 一 版 开本：720×1000 1/16

2024 年 12 月第一次印刷 印张：10 1/4

字数：206 000

定价：88.00 元

(如有印装质量问题, 我社负责调换)

前　言

数据科学是利用科学方法、流程、算法和系统从数据中提取知识或见解的跨学科领域. 数学在数据科学中起着核心作用, 是理解和实现机器学习算法的基础. 比如, 线性代数提供了处理向量和矩阵的工具, 可用于数据变换、特征提取、降维等; 概率论可用于量化建模数据的不确定性, 以及在机器学习算法中做出预测; 微积分与优化可以通过最小化或最大化一个目标函数, 从而确定机器学习中的最佳参数或模型.

党的二十大报告作出了 “数字中国” 重大战略部署, 指出要构建以数据为关键要素的数字经济. 为更好地服务于国内读者群体, 推动数据科学在国内的普及和应用, 在广泛参考数据科学领域的书籍后, 我们精心编纂了本书, 旨在为数学专业的科研人员提供踏入数据研究的实用指南, 同时也帮助非数学专业的数据相关工作人员更好地理解数据算法背后的数学原理.

本书共六章. 第 1—3 章阐述了数据科学里广泛使用的线性代数、概率论、微积分与优化的相关基础知识. 第 4 章聚焦于网络模型的基本原理, 并给出两个实例. 近年来量子计算与大模型技术迅猛发展, 使得它们在数据科学领域内日益扮演着举足轻重的角色. 为此, 第 5 章介绍了量子计算的基本原理和两种代表性的量子算法; 第 6 章概述了大模型的基本概念及其发展历程, 介绍了三种新模型的核心原理与应用. 这两章内容旨在帮助读者迅速把握量子算法与大模型方法的核心, 并解决应用场景中的实际问题. 为了加深读者对这些数学方法的理解与掌握, 我们在每一章的末尾给出了习题供读者练习与思考.

衷心感谢我的合作者王海燕教授在本书策划阶段做出的重要贡献. 特别感谢我的研究生王鹏、杨明慧、王峻霆、肖璐等在初稿整理阶段的辛勤工作. 同时, 向参与本书校对工作的于利萍、唐点点、杨盼等博士表示感谢.

感谢国家重点研发计划项目 (2024YFB3411500) 和国家自然科学基金联合重点项目 (U23A2065) 的资助.

鉴于编者个人水平有限, 书中难免存在一些不尽如人意之处, 欢迎读者提出宝贵的意见与建议.

任景莉

2024 年 9 月于郑州

目　　录

第 1 章　线性代数

线性代数是一个广泛应用于各个学科的数学分支, 在数据科学和机器学习中扮演着重要的角色. 对线性代数概念的深刻理解有利于增强对数据科学和机器学习算法的理解. 本章介绍了数据科学所需的线性代数的基本概念, 包括向量空间、正交性、特征值、矩阵分解, 并进一步扩展到线性回归和主成分分析, 其中线性回归在解决数据科学问题中起着核心作用. 对于更高级的线性代数概念和应用, 可以参考相关文献 [1—4] 来深入理解.

1.1　线性代数的基本概念

首先简要回顾一下线性代数的基本概念. 本书的讨论只限于 n 维欧氏空间 $V = \mathbb{R}^n$.

1.1.1　线性空间

1.1.1.1　线性组合

线性代数中的线性组合是指, 通过将一个子集中的每个向量乘以一个常数并将结果相加, 从而构造出的一个新向量.

定义 1.1.1 (线性子空间)　若子空间 U 在向量加法和标量乘法下封闭且 $U \subseteq V$, 则称 U 是 V 的线性子空间. 也就是说, 对于任意的 $\boldsymbol{u}_1, \boldsymbol{u}_2 \in U$ 和 $\alpha \in \mathbb{R}$, 有

$$\boldsymbol{u}_1 + \boldsymbol{u}_2 \in U \quad 且 \quad \alpha\, \boldsymbol{u}_1 \in U. \tag{1.1.1}$$

特别地, $\mathbf{0}$ 总是在线性子空间中.

定义 1.1.2 (张量)　设 $\boldsymbol{w}_1, \cdots, \boldsymbol{w}_m \in V$ 张成的空间为 $\{\boldsymbol{w}_1, \cdots, \boldsymbol{w}_m\}$, 它也是 $\boldsymbol{w}_j$ 所有的线性组合组成的集合, 用 $\mathrm{span}(\boldsymbol{w}_1, \cdots, \boldsymbol{w}_m)$ 表示, 即

$$\mathrm{span}(\boldsymbol{w}_1, \cdots, \boldsymbol{w}_m) = \left\{ \sum_{j=1}^{m} \alpha_j \boldsymbol{w}_j \,:\, \alpha_1, \cdots, \alpha_m \in \mathbb{R} \right\}. \tag{1.1.2}$$

张成线性子空间 U 的向量组也被称为 U 的生成集. 可以证明张成的空间是一个线性子空间.

引理 1.1.3 (张成的空间都是线性子空间)　令 $W = \text{span}(\boldsymbol{w}_1, \cdots, \boldsymbol{w}_m)$, 那么 W 是一个线性子空间.

证明　令 $\boldsymbol{u}_1, \boldsymbol{u}_2 \in W$, $\alpha \in \mathbb{R}$. 对于 $i = 1, 2$, 有

$$\boldsymbol{u}_i = \sum_{j=1}^{m} \beta_{i,j} \boldsymbol{w}_j$$

和

$$\alpha \boldsymbol{u}_1 + \boldsymbol{u}_2 = \alpha \sum_{j=1}^{m} \beta_{1,j} \boldsymbol{w}_j + \sum_{j=1}^{m} \beta_{2,j} \boldsymbol{w}_j = \sum_{j=1}^{m} (\alpha \beta_{1,j} + \beta_{2,j}) \boldsymbol{w}_j,$$

可以得出 $\alpha \boldsymbol{u}_1 + \boldsymbol{u}_2 \in W$.

一般情况下, 研究矩阵的列向量张成的空间具有广泛的应用.

定义 1.1.4 (列空间)　令 $\boldsymbol{A} \in \mathbb{R}^{n \times m}$ 为一个 $n \times m$ 的矩阵, 其中列向量满足 $\boldsymbol{a}_1, \cdots, \boldsymbol{a}_m \in \mathbb{R}^n$. 列空间是 $\boldsymbol{A}$ 的列向量张成的空间, 用 $\text{col}(A)$ 表示, 也就是说,

$$\text{col}(\boldsymbol{A}) = \text{span}(\boldsymbol{a}_1, \cdots, \boldsymbol{a}_m) \subseteq \mathbb{R}^n.$$

1.1.1.2　线性无关和维数

对于包括数据科学在内的许多应用领域, 避免线性子空间描述中的冗余是非常重要的. 这一概念是线性空间维数定义的核心.

定义 1.1.5 (线性无关)　如果向量组 $\boldsymbol{u}_1, \cdots, \boldsymbol{u}_m$ 都不能写成其他向量的线性组合, 则称它们是线性无关的, 也即

$$\boldsymbol{u}_i \notin \text{span}(\{\boldsymbol{u}_j : j \neq i\}), \quad \forall i.$$

如果一组向量不是线性无关的, 则称为线性相关.

引理 1.1.6　向量 $\boldsymbol{u}_1, \cdots, \boldsymbol{u}_m$ 是线性无关的当且仅当

$$\sum_{j=1}^{m} \alpha_j \boldsymbol{u}_j = \boldsymbol{0} \implies \alpha_j = 0, \ \forall j.$$

同理, $\boldsymbol{u}_1, \cdots, \boldsymbol{u}_m$ 线性相关当且仅当存在不全为 0 的 α_j, 使得 $\sum_{j=1}^{m} \alpha_j \boldsymbol{u}_j = \boldsymbol{0}$.

证明　由于两个命题是等价的, 故仅用反证法证明第二个表述. 不妨设 $\boldsymbol{u}_1, \cdots, \boldsymbol{u}_m$ 是线性相关的, 则存在一个 i 有 $\boldsymbol{u}_i = \sum_{j \neq i} \alpha_j \boldsymbol{u}_j$ 成立. 令 $\alpha_i = -1$, 则 $\sum_{j=1}^{m} \alpha_j \boldsymbol{u}_j = \boldsymbol{0}$. 换句话说, 假设 $\sum_{j=1}^{m} \alpha_j \boldsymbol{u}_j = \boldsymbol{0}$ 中 α_j 不全为 0. 则对于某个 i 有 $\alpha_i \neq 0$ 满足 $\boldsymbol{u}_i = \dfrac{1}{\alpha_i} \sum_{j \neq i} \alpha_j \boldsymbol{u}_j$.

对于矩阵形式, 设 $\boldsymbol{a}_1,\cdots,\boldsymbol{a}_m\in\mathbb{R}^n$ 并且

$$\boldsymbol{A}=(\boldsymbol{a}_1,\cdots,\boldsymbol{a}_m).$$

那么线性无关性就是一个线性方程组的非平凡解. 显然 $\boldsymbol{Ax}$ 是 $\boldsymbol{A}$ 的列向量的线性组合: $\sum_{j=1}^m x_j\boldsymbol{a}_j$. 因此 $\boldsymbol{a}_1,\cdots,\boldsymbol{a}_m$ 线性无关当且仅当 $\boldsymbol{Ax}=\boldsymbol{0}\implies\boldsymbol{x}=\boldsymbol{0}$. 同样, $\boldsymbol{a}_1,\cdots,\boldsymbol{a}_m$ 是线性相关的, 当且仅当 $\exists\boldsymbol{x}\neq\boldsymbol{0}$ 使得 $\boldsymbol{Ax}=\boldsymbol{0}$.

下面介绍基的概念. 基是一组线性无关的向量, 这组向量可以生成向量空间的所有元素, 它是子空间的最小表示.

定义 1.1.7 (空间的基) 设 U 是 V 中的一个的线性子空间. 向量 $\boldsymbol{u}_1,\cdots,\boldsymbol{u}_m$ 是 U 的一组基, 若满足以下两个条件:

(1) U 可以由该向量组张成, 也即 $U=\operatorname{span}(\boldsymbol{u}_1,\cdots,\boldsymbol{u}_m)$;

(2) $\boldsymbol{u}_1,\cdots,\boldsymbol{u}_m$ 是线性无关的向量组.

用 $\boldsymbol{e}_1,\cdots,\boldsymbol{e}_n$ 表示 $\mathbb{R}^n$ 的标准基, 其中 $\boldsymbol{e}_i$ 在 i 坐标轴上坐标为 1, 在其他所有坐标轴上坐标为 0. 基的第一个关键性质是它给出了子空间中向量的唯一表示.

事实上, 令 U 是一个线性子空间, $\boldsymbol{u}_1,\cdots,\boldsymbol{u}_m$ 是 U 的基. 假设 $\boldsymbol{w}\in U$ 可以写成 $\boldsymbol{w}=\sum_{j=1}^m\alpha_j\boldsymbol{u}_j$ 和 $\boldsymbol{w}=\sum_{j=1}^m\alpha_j'\boldsymbol{u}_j$ 的形式. 然后用一个方程减去另一个方程我们得到 $\sum_{j=1}^m(\alpha_j-\alpha_j')\boldsymbol{u}_j=\boldsymbol{0}$. 根据线性无关性, 对于每个 j 有 $\alpha_j-\alpha_j'=0$.

一个向量空间可以有多个基. 所有的基都有相同数量的元素, 称为向量空间的维数. 推广到矩阵 $\boldsymbol{A}$ 时, $\boldsymbol{A}$ 的列空间的维数称为 A 的 (列) 秩.

定理 1.1.8 (维数定理) 令 U 是 V 的线性子空间. U 的任何基总是有相同数量的元素. U 的所有基长度相同, 即元素个数相同. 我们称这个数为 U 的维数, 并记为 $\dim(U)$.

下面的引理进一步描述了一个被用于证明维数定理的线性相关向量组的特征. 给定一个线性相关的向量组, 若其中一个向量在前面的向量张成的空间中, 则可以在不改变张成空间的情况下去掉它.

引理 1.1.9 (线性相关集的特征) 令 $\boldsymbol{u}_1,\cdots,\boldsymbol{u}_m$ 是线性相关的向量组, 它有一个线性无关的子集 $\boldsymbol{u}_i,i\in\{1,\cdots,k\}$, $k<m$. 那么存在一个 $i>k$ 使得

(1) $\boldsymbol{u}_i\in\operatorname{span}(\boldsymbol{u}_1,\cdots,\boldsymbol{u}_{i-1})$;

(2) $\operatorname{span}(\{\boldsymbol{u}_j:j\in\{1,\cdots,m\}\})=\operatorname{span}(\{\boldsymbol{u}_j:j\in\{1,\cdots,m\},\ j\neq i\})$.

证明 对于 (1), 根据线性相关性, $\sum_{j=1}^m\alpha_j\boldsymbol{u}_j=\boldsymbol{0}$ 且并非所有 α_j 都为 0. 进一步, 因为 $\boldsymbol{u}_i,i\in\{1,\cdots,k\}$, $k<m$ 是线性无关的, 且并不是所有的 $\alpha_{k+1},\cdots,\alpha_m$ 都是 0, 所以在非零的 α_j 中取最大的脚标 i, 然后重新排列

得到

$$\boldsymbol{u}_i = -\sum_{j=1}^{i-1} \frac{\alpha_j}{\alpha_i} \boldsymbol{u}_j.$$

对于 (2), 注意到对于任意 $\boldsymbol{w} \in \text{span}(\{\boldsymbol{u}_j : j \in \{1, \cdots, m\}\})$, 可以将其写成 $\boldsymbol{w} = \sum_{j=1}^{m} \beta_j \boldsymbol{u}_j$ 的形式, 可以用上面的等式代替 $\boldsymbol{u}_i$, 得到一个关于 $\{\boldsymbol{u}_j : j \in \{1, \cdots, m\}, j \neq i\}$ 的表达式 $\boldsymbol{w}$.

下面给出维数定理的证明方法.

证明 (维数定理) 假设 U 有两组基 $\{\boldsymbol{w}_i : i \in \{1, \cdots, n\}\}$ 和 $\{\boldsymbol{u}_j : j \in \{1, \cdots, m\}\}$, 下面来证明 $n \geqslant m$. 首先, 考虑向量组 $\{\boldsymbol{u}_1, \boldsymbol{w}_1, \cdots, \boldsymbol{w}_n\}$. 因为 $\boldsymbol{w}_i$ 是张成的, 加上 $\boldsymbol{u}_1 \neq \mathbf{0}$, 所以其必然是一个线性相关的向量组. 利用线性相关集的表征引理, 我们可以在不改变张量空间的情况下去掉其中一个 $\boldsymbol{w}_i$. 新向量组 B 的维数还是 n. 然后我们在 $\boldsymbol{u}_1$ 之后把 $\boldsymbol{u}_2$ 加到 B 上. 根据线性相关集的特征引理, 这个向量组中的一个向量是由前面的向量张成的. 它不可能是 $\boldsymbol{u}_2$, 因为假设 $\{\boldsymbol{u}_1, \boldsymbol{u}_2\}$ 是线性无关的. 所以它一定是剩下的 $\boldsymbol{w}_i$ 中的一个. 根据线性相关集的特征引理, 我们去掉这个不会改变张成的空间. 这个过程可以继续下去, 直到我们添加了所有的 $\boldsymbol{u}_j$, 否则 $\{\boldsymbol{u}_j : j \in \{1, \cdots, m\}\}$ 将会张成 U, 这是矛盾的. 因此 $n \geqslant m$.

1.1.2 正交性

在许多应用中, 采用标准正交基能够显著简化数学表示, 并提供对潜在问题的深入见解. 我们将从其定义和相关引理入手进行探讨.

1.1.2.1 标准正交基

定义 1.1.10 (范数与内积) $\langle \boldsymbol{u}, \boldsymbol{v} \rangle = \boldsymbol{u} \cdot \boldsymbol{v} = \sum_{i=1}^{n} u_i v_i$ 且 $\|\boldsymbol{u}\| = \sqrt{\sum_{i=1}^{n} {u_i}^2}$.

定义 1.1.11 如果一个向量组 $\{\boldsymbol{u}_1, \cdots, \boldsymbol{u}_m\}$ 中每个向量 $\boldsymbol{u}_i$ 与其他向量都正交, 且范数都为 1, 则称该向量组是正交的. 也即对于所有 i 和所有 $j \neq i$, 有 $\langle \boldsymbol{u}_i, \boldsymbol{u}_j \rangle = 0$, 并且 $\|\boldsymbol{u}_i\| = 1$.

由正交向量可以得出毕达哥拉斯 (Pythagoras) 定理.

引理 1.1.12 (毕达哥拉斯定理) 设 $\boldsymbol{u}, \boldsymbol{v} \in V$ 是正交的, 则有 $\|\boldsymbol{u}+\boldsymbol{v}\|^2 = \|\boldsymbol{u}\|^2 + \|\boldsymbol{v}\|^2$.

证明 由 $\|\boldsymbol{w}\|^2 = \langle \boldsymbol{w}, \boldsymbol{w} \rangle$, 可知

$$\|\boldsymbol{u}+\boldsymbol{v}\|^2 = \langle \boldsymbol{u}+\boldsymbol{v}, \boldsymbol{u}+\boldsymbol{v} \rangle = \langle \boldsymbol{u}, \boldsymbol{u} \rangle + 2\langle \boldsymbol{u}, \boldsymbol{v} \rangle + \langle \boldsymbol{v}, \boldsymbol{v} \rangle = \|\boldsymbol{u}\|^2 + \|\boldsymbol{v}\|^2.$$

从毕达哥拉斯定理可以推导出许多有用的结果, 例如:

引理 1.1.13 (柯西–施瓦茨 (Cauchy–Schwarz)) 对于任意 $\boldsymbol{u}, \boldsymbol{v} \in V$, 有

$$|\langle \boldsymbol{u}, \boldsymbol{v} \rangle| \leqslant \|\boldsymbol{u}\|\|\boldsymbol{v}\|.$$

证明 令 $\boldsymbol{q} = \boldsymbol{v}/\|\boldsymbol{v}\|$ 为 $\boldsymbol{v}$ 方向上的单位向量. 下证 $|\langle \boldsymbol{u}, \boldsymbol{q} \rangle| \leqslant \|\boldsymbol{u}\|$. 把 $\boldsymbol{u}$ 分解为在 $\boldsymbol{q}$ 上的投影, 则剩余的部分为

$$\boldsymbol{u} = \langle \boldsymbol{u}, \boldsymbol{q} \rangle \boldsymbol{q} + \{\boldsymbol{u} - \langle \boldsymbol{u}, \boldsymbol{q} \rangle \boldsymbol{q}\}.$$

由于右边的两项是正交的, 根据毕达哥拉斯定理有

$$\|\boldsymbol{u}\|^2 = \|\langle \boldsymbol{u}, \boldsymbol{q} \rangle \boldsymbol{q}\|^2 + \|\boldsymbol{u} - \langle \boldsymbol{u}, \boldsymbol{q} \rangle \boldsymbol{q}\|^2 \geqslant \|\langle \boldsymbol{u}, \boldsymbol{q} \rangle \boldsymbol{q}\|^2 = \langle \boldsymbol{u}, \boldsymbol{q} \rangle^2.$$

两边取平方根即可得到结论.

引理 1.1.14 令 $\{\boldsymbol{u}_1, \cdots, \boldsymbol{u}_m\}$ 为标准正交基.
(1) 对于任意 $\alpha_j \in \mathbb{R}$, $j \in \{1, \cdots, m\}$, 有 $\|\sum_{j=1}^m \alpha_j \boldsymbol{u}_j\|^2 = \sum_{j=1}^m \alpha_j^2$;
(2) $\{\boldsymbol{u}_1, \cdots, \boldsymbol{u}_m\}$ 线性无关.

证明 对于 (1), $\|\boldsymbol{x}\|^2 = \langle \boldsymbol{x}, \boldsymbol{x} \rangle$ 和 $\langle \beta \boldsymbol{x}_1 + \boldsymbol{x}_2, \boldsymbol{x}_3 \rangle = \beta \langle \boldsymbol{x}_1, \boldsymbol{x}_3 \rangle + \langle \boldsymbol{x}_2, \boldsymbol{x}_3 \rangle$, 则有

$$\begin{aligned}\left\|\sum_{j=1}^m \alpha_j \boldsymbol{u}_j\right\|^2 &= \left\langle \sum_{i=1}^m \alpha_i \boldsymbol{u}_i, \sum_{j=1}^m \alpha_j \boldsymbol{u}_j \right\rangle = \sum_{i=1}^m \alpha_i \left\langle \boldsymbol{u}_i, \sum_{j=1}^m \alpha_j \boldsymbol{u}_j \right\rangle \\ &= \sum_{i=1}^m \sum_{j=1}^m \alpha_i \alpha_j \langle \boldsymbol{u}_i, \boldsymbol{u}_j \rangle = \sum_{i=1}^m \alpha_i^2,\end{aligned}$$

在最后的等式中使用了正交性, 如果 $i = j$, $\langle \boldsymbol{u}_i, \boldsymbol{u}_j \rangle$ 是 1; 否则为 0.

对于 (2), 假设 $\sum_{i=1}^m \beta_i \boldsymbol{u}_i = \boldsymbol{0}$. 那么通过 (1) 可知 $\sum_{i=1}^m \beta_i^2 = 0$. 这就说明对于所有的 i 有 $\beta_i = 0$. 因此 $\boldsymbol{u}_i$ 线性无关.

给定子空间 $\mathcal{U}$ 的一组基 $\{\boldsymbol{u}_1, \cdots, \boldsymbol{u}_m\}$, 对于任意的 $\boldsymbol{w} \in \mathcal{U}$, 都有一组 α_i, 使得 $\boldsymbol{w} = \sum_{i=1}^m \alpha_i \boldsymbol{u}_i$. 一般来说, 求解 α_i 并不容易. 但在标准正交基的前提下, 求解变得简单.

定理 1.1.15 (标准正交基展开) 设 $\boldsymbol{q}_1, \cdots, \boldsymbol{q}_m$ 为 $\mathcal{U}$ 的标准正交基并且设 $\boldsymbol{u} \in \mathcal{U}$, 则有

$$\boldsymbol{u} = \sum_{j=1}^m \langle \boldsymbol{u}, \boldsymbol{q}_j \rangle \boldsymbol{q}_j.$$

证明 对于 $\boldsymbol{u}\in\mathcal{U}$, 有一组 α_i, 使得 $\boldsymbol{u}=\sum_{i=1}^m \alpha_i\boldsymbol{q}_i$. 与 $\boldsymbol{q}_j$ 取内积并利用正交性有

$$\langle \boldsymbol{u},\boldsymbol{q}_j\rangle=\left\langle \sum_{i=1}^m \alpha_i\boldsymbol{q}_i,\boldsymbol{q}_j\right\rangle=\sum_{i=1}^m \alpha_i\langle \boldsymbol{q}_i,\boldsymbol{q}_j\rangle=\alpha_j.$$

1.1.2.2 最佳逼近定理

许多优化应用可以转化为最佳逼近问题. 设线性子空间 $\mathcal{U}\subseteq V$ 和一个向量 $\boldsymbol{v}\notin\mathcal{U}$. 要在图 1.1 中找到 $\mathcal{U}$ 中的向量 $\boldsymbol{v}^*$, 它的范数最接近 $\boldsymbol{v}$ 的范数, 也就是说, 求解

$$\min_{\boldsymbol{v}^*\in\mathcal{U}}\|\boldsymbol{v}^*-\boldsymbol{v}\|.$$

例 1.1.16 考虑具有一维子空间的二维情况, 假设 $\mathcal{U}=\operatorname{span}(\boldsymbol{u}_1)$ 满足 $\|\boldsymbol{u}_1\|=1$. 最佳逼近定理的几何直观表示如图 1.1 所示. 最优化问题的解 $\boldsymbol{v}^*$ 具有如下性质: 差值 $\boldsymbol{v}-\boldsymbol{v}^*$ 与 $\boldsymbol{u}_1$ 成直角, 即与 $\boldsymbol{u}_1$ 正交.

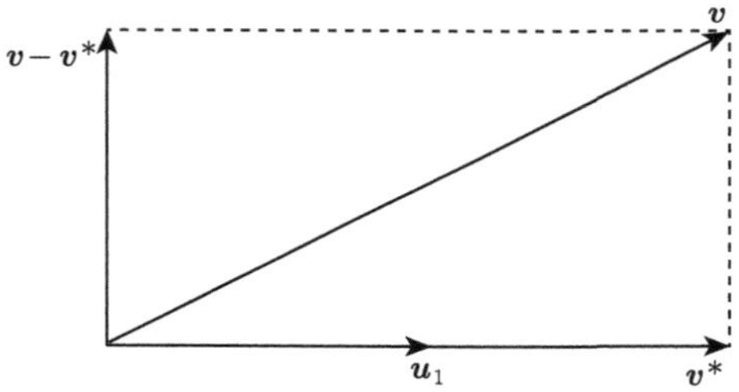

图 1.1 正交分解

令 $\boldsymbol{v}^*=\alpha^*\boldsymbol{u}_1$, 上面的几何条件转化为

$$0=\langle \boldsymbol{u}_1,\boldsymbol{v}-\boldsymbol{v}^*\rangle=\langle \boldsymbol{u}_1,\boldsymbol{v}-\alpha^*\boldsymbol{u}_1\rangle=\langle \boldsymbol{u}_1,\boldsymbol{v}\rangle-\alpha^*\langle \boldsymbol{u}_1,\boldsymbol{u}_1\rangle=\langle \boldsymbol{u}_1,\boldsymbol{v}\rangle-\alpha^*.$$

则

$$\boldsymbol{v}^*=\langle \boldsymbol{u}_1,\boldsymbol{v}\rangle\,\boldsymbol{u}_1.$$

根据毕达哥拉斯定理, 对于任意 $\alpha\in\mathbb{R}$, 有

$$\begin{aligned}\|\boldsymbol{v}-\alpha\,\boldsymbol{u}_1\|^2&=\|\boldsymbol{v}-\boldsymbol{v}^*+\boldsymbol{v}^*-\alpha\,\boldsymbol{u}_1\|^2=\|\boldsymbol{v}-\boldsymbol{v}^*+(\alpha^*-\alpha)\,\boldsymbol{u}_1\|^2\\&=\|\boldsymbol{v}-\boldsymbol{v}^*\|^2+\|(\alpha^*-\alpha)\,\boldsymbol{u}_1\|^2.\end{aligned}$$

因此,

$$\|\boldsymbol{v}-\alpha\,\boldsymbol{u}_1\|^2\geqslant\|\boldsymbol{v}-\boldsymbol{v}^*\|^2.$$

这证明了 $\boldsymbol{v}^*$ 的最优性.

在更高维度上求解上面的例子, 可以得出以下基本结论.

定义 1.1.17 (正交投影) 设 $\mathcal{U}\subseteq V$ 是一个线性子空间, 其正交基为 $\boldsymbol{q}_1,\cdots,\boldsymbol{q}_m$, 则 $\boldsymbol{v}\in V$ 在 $\mathcal{U}$ 上的正交投影定义为

$$\mathcal{P}_{\mathcal{U}}\boldsymbol{v}=\sum_{j=1}^{m}\langle\boldsymbol{v},\boldsymbol{q}_j\rangle\,\boldsymbol{q}_j.$$

定理 1.1.18 (最佳逼近定理) 令 $\mathcal{U}\subseteq V$ 为线性子空间, 它的一个正交基为 $\boldsymbol{q}_1,\cdots,\boldsymbol{q}_m$, 并且设 $\boldsymbol{v}\in V$. 对于任意 $\boldsymbol{u}\in\mathcal{U}$, 有

$$\|\boldsymbol{v}-\mathcal{P}_{\mathcal{U}}\boldsymbol{v}\|\leqslant\|\boldsymbol{v}-\boldsymbol{u}\|.$$

此外, 如果 $\boldsymbol{u}\in\mathcal{U}$, 且上面的不等式是一个等式, 则 $\boldsymbol{u}=\mathcal{P}_{\mathcal{U}}\boldsymbol{v}$.

定理的可视化如图 1.2 所示.

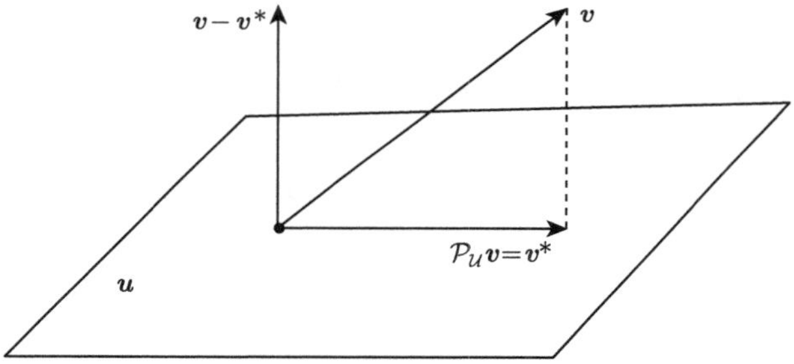

图 1.2 最佳逼近定理

引理 1.1.19 (正交分解) 设 $\mathcal{U}\subseteq V$ 为线性子空间, 它的一个正交基为 $\boldsymbol{q}_1,\cdots,\boldsymbol{q}_m$, 设 $\boldsymbol{v}\in V$. 对于任意的 $\boldsymbol{u}\in\mathcal{U}$, 有 $\langle\boldsymbol{v}-\mathcal{P}_{\mathcal{U}}\boldsymbol{v},\boldsymbol{u}\rangle=0$ 成立. 特别地, $\boldsymbol{v}$ 可以被正交分解为 $(\boldsymbol{v}-\mathcal{P}_{\mathcal{U}}\boldsymbol{v})+\mathcal{P}_{\mathcal{U}}\boldsymbol{v}$ 的形式.

证明 对于一些 α_j, 可以把任意 $\boldsymbol{u}\in\mathcal{U}$ 写成 $\sum_{j=1}^{m}\alpha_j\boldsymbol{q}_j$ 的形式. 则

$$\begin{aligned}\langle\boldsymbol{v}-\mathcal{P}_{\mathcal{U}}\boldsymbol{v},\boldsymbol{u}\rangle&=\left\langle\boldsymbol{v}-\sum_{j=1}^{m}\langle\boldsymbol{v},\boldsymbol{q}_j\rangle\,\boldsymbol{q}_j,\sum_{j=1}^{m}\alpha_j'\boldsymbol{q}_j\right\rangle\\&=\sum_{j=1}^{m}\langle\boldsymbol{v},\boldsymbol{q}_j\rangle\,\alpha_j'-\sum_{j=1}^{m}\alpha_j'\langle\boldsymbol{v},\boldsymbol{q}_j\rangle=0.\end{aligned}$$

我们在最后的等式中使用了 $\boldsymbol{q}_j$ 的正交性. 第二个结论可由 $\mathcal{P}_{\mathcal{U}}\boldsymbol{v}\in\mathcal{U}$ 得证.

下面回到最佳逼近定理的证明上来.

证明 (最佳逼近定理)　对任意 $\boldsymbol{u} \in \mathcal{U}$, 向量 $\boldsymbol{u}' = \mathcal{P}_{\mathcal{U}}\boldsymbol{v} - \boldsymbol{u}$ 也在 $\mathcal{U}$ 中. 利用正交分解引理和毕达哥拉斯定理, 有

$$\begin{aligned}\|\boldsymbol{v}-\boldsymbol{u}\|^2 &= \|\boldsymbol{v}-\mathcal{P}_{\mathcal{U}}\boldsymbol{v}+\mathcal{P}_{\mathcal{U}}\boldsymbol{v}-\boldsymbol{u}\|^2 \\ &= \|\boldsymbol{v}-\mathcal{P}_{\mathcal{U}}\boldsymbol{v}\|^2+\|\mathcal{P}_{\mathcal{U}}\boldsymbol{v}-\boldsymbol{u}\|^2 \geqslant \|\boldsymbol{v}-\mathcal{P}_{\mathcal{U}}\boldsymbol{v}\|^2.\end{aligned}$$

进一步, 只有当 $\|\mathcal{P}_{\mathcal{U}}\boldsymbol{v}-\boldsymbol{u}\|^2 = 0$ 时等式才成立, 并且根据模的点分离性质, $\boldsymbol{u} = \mathcal{P}_{\mathcal{U}}\boldsymbol{v}$ 时等式成立.

映射 $\mathcal{P}_{\mathcal{U}}$ 是线性的, 也就是说, 对于所有的 $\alpha \in \mathbb{R}$ 和 $\boldsymbol{x}, \boldsymbol{y} \in \mathbb{R}^n$, $\mathcal{P}_{\mathcal{U}}(\alpha\boldsymbol{x}+\boldsymbol{y}) = \alpha\mathcal{P}_{\mathcal{U}}\boldsymbol{x}+\mathcal{P}_{\mathcal{U}}\boldsymbol{y}$ 都成立. 事实上,

$$\begin{aligned}\mathcal{P}_{\mathcal{U}}(\alpha\boldsymbol{x}+\boldsymbol{y}) &= \sum_{j=1}^{m}\langle\alpha\boldsymbol{x}+\boldsymbol{y},\boldsymbol{q}_j\rangle\,\boldsymbol{q}_j = \sum_{j=1}^{m}\{\alpha\,\langle\boldsymbol{x},\boldsymbol{q}_j\rangle+\langle\boldsymbol{y},\boldsymbol{q}_j\rangle\}\,\boldsymbol{q}_j \\ &= \alpha\,\mathcal{P}_{\mathcal{U}}\boldsymbol{x}+\mathcal{P}_{\mathcal{U}}\boldsymbol{y}.\end{aligned}$$

因此, 它可以被写为一个 $n \times m$ 矩阵 $\boldsymbol{Q}$, 设

$$\boldsymbol{Q} = (\boldsymbol{q}_1,\ \cdots,\ \boldsymbol{q}_m).$$

计算得到

$$\boldsymbol{Q}^{\mathrm{T}}\boldsymbol{v} = \begin{pmatrix}\langle\boldsymbol{v},\boldsymbol{q}_1\rangle \\ \vdots \\ \langle\boldsymbol{v},\boldsymbol{q}_m\rangle\end{pmatrix}.$$

由 $\mathcal{P}_{\mathcal{U}}\boldsymbol{v}$ 在基 $\boldsymbol{q}_1,\cdots,\boldsymbol{q}_m$ 下展开的系数, 可知

$$\mathcal{P} = \boldsymbol{Q}\boldsymbol{Q}^{\mathrm{T}}.$$

另一方面,

$$\boldsymbol{Q}^{\mathrm{T}}\boldsymbol{Q} = \begin{pmatrix}\langle\boldsymbol{q}_1,\boldsymbol{q}_1\rangle & \cdots & \langle\boldsymbol{q}_1,\boldsymbol{q}_m\rangle \\ \langle\boldsymbol{q}_2,\boldsymbol{q}_1\rangle & \cdots & \langle\boldsymbol{q}_2,\boldsymbol{q}_m\rangle \\ \vdots & & \vdots \\ \langle\boldsymbol{q}_m,\boldsymbol{q}_1\rangle & \cdots & \langle\boldsymbol{q}_m,\boldsymbol{q}_m\rangle\end{pmatrix} = \boldsymbol{I}_{m\times m},$$

式中 $\boldsymbol{I}_{m\times m}$ 为 $m \times m$ 单位矩阵.

1.1.3 格拉姆–施密特过程

用格拉姆–施密特 (Gram-Schmidt) 过程可以获得一组标准正交基. 设 $\boldsymbol{a}_1, \cdots, \boldsymbol{a}_m$ 是线性无关的. 要求解 $\mathrm{span}(\boldsymbol{a}_1, \cdots, \boldsymbol{a}_m)$ 的一组标准正交基. 该过程利用了前文导出正交投影的性质. 本质上, 将向量 $\boldsymbol{a}_i$ 一个接一个地相加, 但前提是先把它们在之前包含的向量上的正交投影分解出来, 就能张成相同的子空间, 并且正交分解保证了向量组的正交性.

定理 1.1.20 (格拉姆–施密特) *设 $\boldsymbol{a}_1, \cdots, \boldsymbol{a}_m$ 在 $\mathbb{R}^n$ 中是线性无关的, 则存在一组标准正交基 $\boldsymbol{q}_1, \cdots, \boldsymbol{q}_m$ 可以张成 $\mathrm{span}(\boldsymbol{a}_1, \cdots, \boldsymbol{a}_m)$.*

证明 归纳步骤如下. 假设已经构造了标准正交向量 $\boldsymbol{q}_1, \cdots, \boldsymbol{q}_{i-1}$ 使得

$$U_{i-1} := \mathrm{span}(\boldsymbol{q}_1, \cdots, \boldsymbol{q}_{i-1}) = \mathrm{span}(\boldsymbol{a}_1, \cdots, \boldsymbol{a}_{i-1}).$$

因为有 U_{i-1} 的标准正交基, 可以计算出 $\boldsymbol{a}_i$ 的正交投影,

$$\mathcal{P}_{U_{i-1}}\boldsymbol{a}_i = \sum_{j=1}^{i-1} \langle \boldsymbol{a}_i, \boldsymbol{q}_j \rangle \boldsymbol{q}_j.$$

设

$$\boldsymbol{b}_i = \boldsymbol{a}_i - \mathcal{P}_{U_{i-1}}\boldsymbol{a}_i \quad 且 \quad \boldsymbol{q}_i = \boldsymbol{b}_i / \|\boldsymbol{b}_i\|,$$

其中, 显然有 $\|\boldsymbol{b}_i\| > 0$; 否则, $\boldsymbol{a}_i$ 等于它的投影 $\mathcal{P}_{U_{i-1}}\boldsymbol{a}_i \in \mathrm{span}(\boldsymbol{a}_1, \cdots, \boldsymbol{a}_{i-1})$, 这与 $\boldsymbol{a}_j$ 的线性无关相矛盾. 由正交分解的结果可知, $\boldsymbol{q}_i$ 与 $\mathrm{span}(\boldsymbol{q}_1, \cdots, \boldsymbol{q}_{i-1})$ 正交, 结合上述计算, $\boldsymbol{a}_i$ 是 $\boldsymbol{q}_1, \cdots, \boldsymbol{q}_i$ 的线性组合.

$$\boldsymbol{a}_i = \sum_{j=1}^{i-1} \langle \boldsymbol{a}_i, \boldsymbol{q}_j \rangle \boldsymbol{q}_j + \left\| \boldsymbol{a}_i - \sum_{j=1}^{i-1} \langle \boldsymbol{a}_i, \boldsymbol{q}_j \rangle \boldsymbol{q}_j \right\| \boldsymbol{q}_i.$$

因此 $\boldsymbol{q}_1, \cdots, \boldsymbol{q}_i$ 与 $\mathrm{span}(\boldsymbol{a}_1, \cdots, \boldsymbol{a}_i) \subseteq \mathrm{span}(\boldsymbol{q}_1, \cdots, \boldsymbol{q}_i)$ 形成一个正交基. 此外, 因为 $\boldsymbol{q}_1, \cdots, \boldsymbol{q}_i$ 是正交的, 所以是线性无关的, 因此一定构成它们张成空间的一组基. 归纳法成立.

1.1.4 特征值和特征向量

特征值和特征向量在许多应用中起到关键作用. 下面在 $\mathbb{R}^d$ 上研究特征值和特征向量的相关性质.

定义 1.1.21 (特征值和特征向量) *设 $\boldsymbol{A} \in \mathbb{R}^{d \times d}$ 是一个方阵. $\lambda \in \mathbb{R}$ 是 $\boldsymbol{A}$ 的特征值, 如果存在一个非零向量 $\boldsymbol{x} \neq \boldsymbol{0}$ 满足*

$$\boldsymbol{A}\boldsymbol{x} = \lambda \boldsymbol{x}, \tag{1.1.3}$$

则向量 $\boldsymbol{x}$ 称为特征向量.

并不是每个矩阵都有特征值, 例如:

例 1.1.22 (无实数特征值)　设 $d=2$, 令

$$\boldsymbol{A}=\begin{pmatrix}0 & -1\\ 1 & 0\end{pmatrix}.$$

对于特征值 λ, 必须存在一个非零特征向量 $\boldsymbol{x}=(x_1,x_2)^{\mathrm{T}}$ 使得

$$\boldsymbol{Ax}=\lambda\boldsymbol{x}.$$

换句话说,

$$-x_2=\lambda x_1 \quad 且 \quad x_1=\lambda x_2.$$

把这些方程相互替换, 得到

$$-x_2=\lambda^2 x_2 \quad 且 \quad x_1=-\lambda^2 x_1.$$

因为 x_1,x_2 不可能为 0, 所以 λ 必须满足方程

$$\lambda^2=-1,$$

因此无实数特征值.

$\boldsymbol{A}\in\mathbb{R}^{d\times d}$ 最多有 d 个不同的特征值.

引理 1.1.23 (特征数)　设 $\boldsymbol{A}\in\mathbb{R}^{d\times d}$, $\lambda_1,\cdots,\lambda_m$ 是 $\boldsymbol{A}$ 不同的非零特征向量 $\boldsymbol{x}_1,\cdots,\boldsymbol{x}_m$ 的不同特征值, 则 $\boldsymbol{x}_1,\cdots,\boldsymbol{x}_m$ 是线性无关的. 因此, $m\leqslant d$.

证明　反证法. 设 $\boldsymbol{x}_1,\cdots,\boldsymbol{x}_m$ 是线性相关的, 则存在 $k\leqslant m$ 满足

$$\boldsymbol{x}_k\in\operatorname{span}(\boldsymbol{x}_1,\cdots,\boldsymbol{x}_{k-1}),$$

其中 $\boldsymbol{x}_1,\cdots,\boldsymbol{x}_{k-1}$ 线性无关. 特别地, 存在 $a_1,\cdots,a_{k-1}$ 满足

$$\boldsymbol{x}_k=a_1\boldsymbol{x}_1+\cdots+a_{k-1}\boldsymbol{x}_{k-1}.$$

可以用以下两个步骤变换上面的方程:

(1) 两边乘以 λ_k;

(2) 将上述方程减去作用 $\boldsymbol{A}$ 得到的方程可得

$$\boldsymbol{0}=a_1(\lambda_k-\lambda_1)\boldsymbol{x}_1+\cdots+a_{k-1}(\lambda_k-\lambda_{k-1})\boldsymbol{x}_{k-1}.$$

因为 λ_i 不同且 $\boldsymbol{x}_1,\cdots,\boldsymbol{x}_{k-1}$ 是线性无关的, 可知 $a_1=\cdots=a_{k-1}=0$. 但这说明 $\boldsymbol{x}_k=\boldsymbol{0}$, 矛盾. 对于第二个命题, 如果有超过 d 个不同的特征值, 那么根据第一个命题, 就会有超过 d 个线性无关的特征向量, 矛盾.

1.1.4.1 对称矩阵对角化

我们用 $\mathrm{diag}(\lambda_1, \cdots, \lambda_d)$ 来表示对角线元素为 $\lambda_1, \cdots, \lambda_d$ 的对角矩阵.

例 1.1.24 (对角矩阵) 设 $\boldsymbol{A}$ 相似于具有不同对角元素的矩阵 $\boldsymbol{D} = \mathrm{diag}(\lambda_1, \cdots, \lambda_d)$, 即存在一个非奇异矩阵 $\boldsymbol{P}$, 使得

$$\boldsymbol{A} = \boldsymbol{P}\boldsymbol{D}\boldsymbol{P}^{-1}.$$

令 $\boldsymbol{p}_1, \cdots, \boldsymbol{p}_d$ 为 $\boldsymbol{P}$ 的列向量, 有

$$\boldsymbol{A}\boldsymbol{P} = \boldsymbol{P}\boldsymbol{D},$$

则

$$\boldsymbol{A}\boldsymbol{p}_i = \lambda_i \boldsymbol{p}_i.$$

定理 1.1.25 如果 $\boldsymbol{A}$ 是对称的, 那么任意两个来自不同特征空间的特征向量是正交的.

证明 设 $\boldsymbol{u}_1$ 和 $\boldsymbol{u}_2$ 是特征向量, 它们对应于不同的特征值 λ_1 和 λ_2. 为了证明 $\boldsymbol{u}_1 \cdot \boldsymbol{u}_2 = 0$, 计算

$$\begin{aligned}
\lambda_1 \boldsymbol{u}_1 \cdot \boldsymbol{u}_2 &= (\lambda_1 \boldsymbol{u}_1)^{\mathrm{T}} \boldsymbol{u}_2 = (\boldsymbol{A}\boldsymbol{u}_1)^{\mathrm{T}} \boldsymbol{u}_2 && (\text{因为 } \boldsymbol{u}_1 \text{ 为特征向量}) \\
&= \left(\boldsymbol{u}_1^{\mathrm{T}} \boldsymbol{A}^{\mathrm{T}}\right) \boldsymbol{u}_2 = \boldsymbol{u}_1^{\mathrm{T}} (\boldsymbol{A}\boldsymbol{u}_2) && (\text{因为 } \boldsymbol{A}^{\mathrm{T}} = \boldsymbol{A}) \\
&= \boldsymbol{u}_1^{\mathrm{T}} (\lambda_2 \boldsymbol{u}_2) && (\text{因为 } \boldsymbol{u}_2 \text{ 为特征向量}) \\
&= \lambda_2 \boldsymbol{u}_1^{\mathrm{T}} \boldsymbol{u}_2 = \lambda_2 \boldsymbol{u}_1 \cdot \boldsymbol{u}_2.
\end{aligned}$$

因此 $(\lambda_1 - \lambda_2)\boldsymbol{u}_1 \cdot \boldsymbol{u}_2 = 0$. 但是 $\lambda_1 - \lambda_2 \neq 0$, 因此 $\boldsymbol{u}_1 \cdot \boldsymbol{u}_2 = 0$.

矩阵 $\boldsymbol{A}$ 是正交对角化矩阵, 如果存在一个正交矩阵 $\boldsymbol{P}(\boldsymbol{P}^{-1} = \boldsymbol{P}^{\mathrm{T}})$ 和一个对角矩阵 $\boldsymbol{D}$, 使得

$$\boldsymbol{A} = \boldsymbol{P}\boldsymbol{D}\boldsymbol{P}^{\mathrm{T}} = \boldsymbol{P}\boldsymbol{D}\boldsymbol{P}^{-1}. \tag{1.1.4}$$

为了正交对角化一个 $n \times n$ 矩阵, 必须找到 n 个线性无关且正交的特征向量. 如果 $\boldsymbol{A}$ 是可正交对角化的, 则

$$\boldsymbol{A}^{\mathrm{T}} = \left(\boldsymbol{P}\boldsymbol{D}\boldsymbol{P}^{\mathrm{T}}\right)^{\mathrm{T}} = (\boldsymbol{P}^{\mathrm{T}})^{\mathrm{T}} \boldsymbol{D}^{\mathrm{T}} \boldsymbol{P}^{\mathrm{T}} = \boldsymbol{P}\boldsymbol{D}\boldsymbol{P}^{\mathrm{T}} = \boldsymbol{A}.$$

因此 $\boldsymbol{A}$ 是对称的. 下面的结果说明每一个对称矩阵都是可正交对角化的.

定理 1.1.26 (对称矩阵的谱定理) $n \times n$ 的对称矩阵 $\boldsymbol{A}$ 具有以下性质:

(1) $\boldsymbol{A}$ 有 n 个特征值, 具有多重性;

(2) 如果 λ 是 $\boldsymbol{A}$ 的一个 k 重特征值, 那么 λ 的特征空间是 k 维的;

(3) 特征空间是相互正交的, 也就是说对应于不同特征值的特征向量是正交的;

(4) $\boldsymbol{A}$ 可正交对角化.

证明　如果 $\boldsymbol{u}_1$ 是 λ_1 对应的单位特征向量, 从 $\boldsymbol{u}_1$ 开始, 通过格拉姆–施密特正交化找到标准正交基 $(\boldsymbol{u}_1,\cdots,\boldsymbol{u}_n)$, 令 $\boldsymbol{U}=(\boldsymbol{u}_1,\cdots,\boldsymbol{u}_n)$, 有

$$\boldsymbol{U}^{\mathrm{T}}\boldsymbol{A}\boldsymbol{U}=\begin{pmatrix}\lambda_1 & * \\ \boldsymbol{0} & \boldsymbol{A}_1\end{pmatrix}.$$

由 $\boldsymbol{A}$ 是对称的, 可知

$$\boldsymbol{U}^{\mathrm{T}}\boldsymbol{A}\boldsymbol{U}=\begin{pmatrix}\lambda_1 & \boldsymbol{0} \\ \boldsymbol{0} & \boldsymbol{A}_1\end{pmatrix}.$$

$\boldsymbol{A}_1$ 是对称的, 并且有其余的特征值继续这个过程, 最后得到

$$\boldsymbol{U}^{\mathrm{T}}\boldsymbol{A}\boldsymbol{U}=\begin{pmatrix}\lambda_1 & \cdots & 0 \\ \vdots & \ddots & \vdots \\ 0 & \cdots & \lambda_n\end{pmatrix}.$$

根据这一结果可以证明定理的结论.

假设 $\boldsymbol{A}=\boldsymbol{P}\boldsymbol{D}\boldsymbol{P}^{-1}$, 其中 $\boldsymbol{P}$ 的列向量是 $\boldsymbol{A}$ 的标准正交特征向量 $\boldsymbol{v}_1,\cdots,\boldsymbol{v}_n$, 对应的特征值 $\lambda_1,\cdots,\lambda_n$ 是对角矩阵 $\boldsymbol{D}$ 的元素. 因为 $\boldsymbol{P}^{-1}=\boldsymbol{P}^{\mathrm{T}}$, 所以

$$\begin{aligned}\boldsymbol{A}=\boldsymbol{P}\boldsymbol{D}\boldsymbol{P}^{\mathrm{T}}&=(\boldsymbol{v}_1,\cdots,\boldsymbol{v}_n)\begin{pmatrix}\lambda_1 & \cdots & 0 \\ \vdots & \ddots & \vdots \\ 0 & \cdots & \lambda_n\end{pmatrix}\begin{pmatrix}\boldsymbol{v}_1^{\mathrm{T}} \\ \vdots \\ \boldsymbol{v}_n^{\mathrm{T}}\end{pmatrix}\\&=(\lambda_1\boldsymbol{v}_1,\cdots,\lambda_n\boldsymbol{v}_n)\begin{pmatrix}\boldsymbol{v}_1^{\mathrm{T}} \\ \vdots \\ \boldsymbol{v}_n^{\mathrm{T}}\end{pmatrix}.\end{aligned}$$

利用乘积的行列展开式, 可得

$$\boldsymbol{A}=\lambda_1\boldsymbol{v}_1\boldsymbol{v}_1^{\mathrm{T}}+\lambda_2\boldsymbol{v}_2\boldsymbol{v}_2^{\mathrm{T}}+\cdots+\lambda_n\boldsymbol{v}_n\boldsymbol{v}_n^{\mathrm{T}}. \tag{1.1.5}$$

$\boldsymbol{A}$ 的这种表示称为 $\boldsymbol{A}$ 的谱分解, 因为它将 $\boldsymbol{A}$ 分解成由 $\boldsymbol{A}$ 的谱 (特征值) 决定的矩阵. 每一个 $\boldsymbol{v}_i\boldsymbol{v}_i^{\mathrm{T}}$ 都是一个秩为 1 的 $n\times n$ 矩阵. 例如, 每一列 $\lambda_1\boldsymbol{v}_1\boldsymbol{v}_1^{\mathrm{T}}$ 都是 $\boldsymbol{v}_1$ 的倍数. 更进一步, 对于 $\mathbb{R}^n$ 中的每个 $\boldsymbol{x}$, 每个 $\boldsymbol{v}_j\boldsymbol{v}_j^{\mathrm{T}}$ 是一个投影矩阵, 向量 $(\boldsymbol{v}_j\boldsymbol{v}_j^{\mathrm{T}})\boldsymbol{x}$ 是 $\boldsymbol{x}$ 在 $\boldsymbol{v}_j$ 张成的子空间上的正交投影.

1.1.4.2　约束优化

定理 1.1.27　设 $\boldsymbol{A}$ 是 $n\times n$ 的可正交对角化的对称矩阵 $\boldsymbol{A}=\boldsymbol{PDP}^{-1}$. $\boldsymbol{P}$ 的列向量是 $\boldsymbol{A}$ 的标准正交向量 $\boldsymbol{v}_1,\cdots,\boldsymbol{v}_n$. 假设 $\boldsymbol{D}$ 的对角线元素排序是 $\lambda_1\leqslant\lambda_2\leqslant\cdots\leqslant\lambda_n$. 则当 $\boldsymbol{x}=\boldsymbol{v}_1$ 时,

$$\min_{\boldsymbol{x}\neq\boldsymbol{0}}\frac{\boldsymbol{x}^{\mathrm{T}}\boldsymbol{A}\boldsymbol{x}}{\boldsymbol{x}^{\mathrm{T}}\boldsymbol{x}}=\lambda_1$$

成立. 当 $\boldsymbol{x}=\boldsymbol{v}_n$ 时,

$$\max_{\boldsymbol{x}\neq\boldsymbol{0}}\frac{\boldsymbol{x}^{\mathrm{T}}\boldsymbol{A}\boldsymbol{x}}{\boldsymbol{x}^{\mathrm{T}}\boldsymbol{x}}=\lambda_n$$

成立.

证明　根据假设, 可知

$$\boldsymbol{A}=\boldsymbol{P}\begin{pmatrix}\lambda_1 & & \\ & \ddots & \\ & & \lambda_n\end{pmatrix}\boldsymbol{P}^{\mathrm{T}}$$

和

$$\boldsymbol{P}=(\boldsymbol{v}_1,\cdots,\boldsymbol{v}_n),$$

重新排列有

$$\boldsymbol{P}^{\mathrm{T}}\boldsymbol{A}\boldsymbol{P}=\begin{pmatrix}\lambda_1 & & \\ & \ddots & \\ & & \lambda_n\end{pmatrix}.$$

此外, 注意到

$$\boldsymbol{A}\boldsymbol{v}_i=\lambda_i\boldsymbol{v}_i,$$

$$\boldsymbol{x}=\boldsymbol{P}\boldsymbol{y}$$

和

$$\sum x_i^2=\sum y_i^2,$$

易得

$$\frac{\boldsymbol{x}^{\mathrm{T}}\boldsymbol{A}\boldsymbol{x}}{\sum x_i^2}=\frac{\boldsymbol{y}^{\mathrm{T}}\boldsymbol{P}^{\mathrm{T}}\boldsymbol{A}\boldsymbol{P}\boldsymbol{y}}{\sum y_i^2}=\frac{\lambda_1 y_1^2+\cdots+\lambda_n y_n^2}{\sum y_i^2}$$

$$\geqslant \lambda_1 \left(\text{当 } \boldsymbol{y}=\begin{pmatrix}1\\0\\\vdots\\0\end{pmatrix}\text{时成立}\right)$$

$$\leqslant \lambda_n \left(\text{当 } \boldsymbol{y}=\begin{pmatrix}0\\0\\\vdots\\1\end{pmatrix}\text{时成立}\right).$$

注意

$$\boldsymbol{v}_1=\boldsymbol{P}\begin{pmatrix}1\\0\\\vdots\\0\end{pmatrix},\quad \cdots,\quad \boldsymbol{v}_n=\boldsymbol{P}\begin{pmatrix}0\\0\\\vdots\\1\end{pmatrix}.$$

1.2 线性回归

线性回归因其结构形式简洁而在实际应用中广泛使用. 线性模型的参数比非线性模型更容易拟合. 因此模型的统计性质更容易确定. 在本节中, 先讨论 QR 分解与最小二乘问题, 最后介绍线性回归与最小二乘问题的关系.

1.2.1 QR 分解

QR 分解是求解线性最小二乘问题的一种有效方法. 首先, 使用格拉姆-施密特算法从一个线性无关集合 $\mathrm{span}(\boldsymbol{a}_1,\cdots,\boldsymbol{a}_m)$ 中求得一组正交基 $\mathrm{span}(\boldsymbol{a}_1,\cdots,\boldsymbol{a}_m)$. 设

$$\boldsymbol{A}=(\boldsymbol{a}_1,\cdots,\boldsymbol{a}_m)\quad \text{且}\quad \boldsymbol{Q}=(\boldsymbol{q}_1,\cdots,\boldsymbol{q}_m),$$

其中 $\boldsymbol{A},\boldsymbol{Q}$ 为 $n\times m$ 的矩阵. 上面的格拉姆–施密特算法的输出可以写成下面的紧凑形式, 称为 QR 分解, 如图 1.3 所示,

$$\boldsymbol{A}=\boldsymbol{Q}\boldsymbol{R},$$

其中 $m \times m$ 矩阵 $\boldsymbol{R}$ 的第 i 列包含了以线性组合的方式产生 $\boldsymbol{q}_j$ 的系数 $\boldsymbol{a}_i$, 而 $\boldsymbol{Q} \in \mathbb{R}^{n\times m}$ 是一个 $n \times m$ 矩阵, 其中 $\boldsymbol{Q}^{\mathrm{T}}\boldsymbol{Q} = \boldsymbol{I}_{m\times m}$. 利用下式验证 $\boldsymbol{A} = \boldsymbol{QR}$ 更容易:

$$\boldsymbol{A}^{\mathrm{T}} = \boldsymbol{R}^{\mathrm{T}}\boldsymbol{Q}^{\mathrm{T}}.$$

由格拉姆–施密特正交化的证明可知 $\boldsymbol{a}_i \in \mathrm{span}(\boldsymbol{q}_1, \cdots, \boldsymbol{q}_i)$. 所以 $\boldsymbol{R}$ 的第 i 列在对角线以下只有 0. 因此 $\boldsymbol{R}$ 有一个特殊的结构: 上三角形.

$$\underbrace{(\boldsymbol{a}_1, \boldsymbol{a}_2, \cdots, \boldsymbol{a}_n)}_{\boldsymbol{A}} = \underbrace{(\boldsymbol{q}_1, \boldsymbol{q}_2, \cdots, \boldsymbol{q}_n)}_{\boldsymbol{Q}} \underbrace{\begin{pmatrix} r & \times & \times & \times & \times \\ & r & \times & \times & \times \\ & & \ddots & \times & \times \\ & & & & \times \\ & & & & r \end{pmatrix}}_{\boldsymbol{R}}.$$

图 1.3 QR 分解

1.2.2 最小二乘问题

设 $\boldsymbol{A} \in \mathbb{R}^{n\times m}$ 是一个 $n \times m$ 矩阵, 并且 $\boldsymbol{b} \in \mathbb{R}^n$ 是一个向量. 求解方程 $\boldsymbol{Ax} = \boldsymbol{b}$. 最有效的方法是用 $\boldsymbol{Ax}$ 去接近 $\boldsymbol{b}$. 不妨假设 $\boldsymbol{A}$ 的列向量线性无关. 如果 $n = m$, $\boldsymbol{A}$ 是一个方阵, 可以用矩阵逆来求解这个方程组. 但是 $n > m$ 这个情况更具有实际意义, 因为无法用矩阵逆来求解这个问题. 在这种情况下, 一种解决问题的方法是把它看成最小二乘问题:

$$\min_{\boldsymbol{x}\in\mathbb{R}^m} \|\boldsymbol{Ax} - \boldsymbol{b}\|.$$

为了使用正交分解引理, 将 $\boldsymbol{A}$ 展开有

$$\boldsymbol{A} = (\boldsymbol{a}_1, \cdots, \boldsymbol{a}_m) = \begin{pmatrix} a_{11} & \cdots & a_{1m} \\ a_{21} & \cdots & a_{2m} \\ \vdots & & \vdots \\ a_{n1} & \cdots & a_{nm} \end{pmatrix} \quad 且 \quad \boldsymbol{b} = \begin{pmatrix} b_1 \\ \vdots \\ b_n \end{pmatrix}.$$

然后求解一个 $\boldsymbol{A}$ 的列向量的线性组合, 使目标最小化:

$$\left\| \sum_{j=1}^{m} x_j \boldsymbol{a}_j - \boldsymbol{b} \right\|^2 = \sum_{i=1}^{n} \left(\sum_{j=1}^{m} x_j a_{ij} - b_i \right)^2 = \sum_{i=1}^{n} (\hat{y}_i - b_i)^2,$$

其中

$$\hat{y}_i = \sum_{j=1}^{m} x_j a_{ij}.$$

现在应用对 $\boldsymbol{A}$ 的列向量空间上的正交投影的表征. 令

$$\hat{\boldsymbol{b}} = \mathcal{P}_{\mathrm{col}(\boldsymbol{A})}\boldsymbol{b}.$$

因为 $\hat{\boldsymbol{b}}$ 在 $\boldsymbol{A}$ 的列空间中, 所以方程 $\boldsymbol{A}\boldsymbol{x} = \hat{\boldsymbol{b}}$ 是成立的, 并且存在一个 $\hat{\boldsymbol{x}}$ 使得

$$\boldsymbol{A}\hat{\boldsymbol{x}} = \hat{\boldsymbol{b}}. \tag{1.2.1}$$

由于 $\hat{\boldsymbol{b}}$ 是 $\mathrm{col}(\boldsymbol{A})$ 中距离 $\boldsymbol{b}$ 最近的点, 当且仅当 (1.2.1) 成立时, 向量 $\hat{\boldsymbol{x}}$ 是 $\boldsymbol{A}\boldsymbol{x} = \boldsymbol{b}$ 的最小二乘解. 下面的定理提供了解决方法的另一种描述.

定理 1.2.1 (正规方程)　令 $\boldsymbol{A} \in \mathbb{R}^{n\times m}$ 为一个 $n \times m$ 的线性无关的矩阵, 令 $\boldsymbol{b} \in \mathbb{R}^n$ 为一个向量. 最小二乘问题的解为

$$\min_{\boldsymbol{x}\in\mathbb{R}^m} \|\boldsymbol{A}\boldsymbol{x} - \boldsymbol{b}\|,$$

满足正规方程

$$\boldsymbol{A}^{\mathrm{T}}\boldsymbol{A}\boldsymbol{x} = \boldsymbol{A}^{\mathrm{T}}\boldsymbol{b}.$$

证明　令 $U = \mathrm{col}(\boldsymbol{A}) = \mathrm{span}(\boldsymbol{a}_1, \cdots, \boldsymbol{a}_m)$. 根据最佳逼近定理, $\boldsymbol{b}$ 在 U 上的正交投影 $\hat{\boldsymbol{b}} = \boldsymbol{A}\hat{\boldsymbol{x}}$ 是最小二乘问题的唯一解. 通过正交分解, 对于所有 $\boldsymbol{u} \in U$, 它必须满足 $\langle \boldsymbol{b} - \hat{\boldsymbol{b}}, \boldsymbol{u}\rangle = 0$. 因为 $\boldsymbol{a}_i$ 是 U 的一组基, 所以对于所有 $i \in \{1, \cdots, m\}$, $\langle \boldsymbol{b} - \boldsymbol{A}\hat{\boldsymbol{x}}, \boldsymbol{a}_i\rangle = 0$. 在矩阵形式中, 重新排列后, 得到

$$\boldsymbol{A}^{\mathrm{T}}(\boldsymbol{A}\hat{\boldsymbol{x}} - \boldsymbol{b}) = \boldsymbol{0}.$$

当 $\boldsymbol{A}$ 有线性无关的列时, 根据 QR 分解, 可以证明 $\boldsymbol{A}^{\mathrm{T}}\boldsymbol{A}$ 是可逆的, 正规方程的解为

$$(\boldsymbol{A}^{\mathrm{T}}\boldsymbol{A})^{-1}\boldsymbol{A}^{\mathrm{T}}\boldsymbol{b}.$$

然而, 这种方法存在数值问题, 可以通过 QR 分解来解决这个问题:

(1) 通过 QR 分解构造 $\mathrm{col}(\boldsymbol{A})$ 的一个标准正交基

$$\boldsymbol{A} = \boldsymbol{Q}\boldsymbol{R}.$$

(2) 形成正交投影矩阵

$$\mathcal{P}_{\mathrm{col}(\boldsymbol{A})} = \boldsymbol{Q}\boldsymbol{Q}^{\mathrm{T}}.$$

(3) 将投影应用于 $\boldsymbol{b}$, $\boldsymbol{x}^*$ 满足

$$\boldsymbol{A}\boldsymbol{x}^* = \boldsymbol{Q}\boldsymbol{Q}^{\mathrm{T}}\boldsymbol{b}.$$

(4) 对 $\boldsymbol{A}$ 进行 QR 分解得到

$$\boldsymbol{QRx}^* = \boldsymbol{QQ}^{\mathrm{T}}\boldsymbol{b}.$$

(5) 注意到 $\boldsymbol{Q}^{\mathrm{T}}\boldsymbol{Q} = \boldsymbol{I}_{m\times m}$, 等式两边同时乘以 $\boldsymbol{Q}^{\mathrm{T}}$ 得到

$$\boldsymbol{Rx}^* = \boldsymbol{Q}^{\mathrm{T}}\boldsymbol{b}.$$

(6) 因为 $\boldsymbol{R}$ 是上三角矩阵, 求解这个方程组对于 $\boldsymbol{x}^*$ 是很简单的.

定理 1.2.2 (通过 QR 进行最小二乘) 设 $\boldsymbol{A} \in \mathbb{R}^{n\times m}$ 是一个 $n \times m$ 的矩阵, 其列向量线性无关, 设 $\boldsymbol{b} \in \mathbb{R}^n$ 是一个向量, 设 $\boldsymbol{A} = \boldsymbol{QR}$ 为 $\boldsymbol{A}$ 的一个 QR 分解, 其中 $\boldsymbol{Q} \in \mathbb{R}^{n\times m}$ 是一个 $n \times m$ 的矩阵, 满足 $\boldsymbol{Q}^{\mathrm{T}}\boldsymbol{Q} = \boldsymbol{I}_{m\times m}$, $\boldsymbol{R}$ 是上三角矩阵. 最小二乘问题的解为

$$\min_{\boldsymbol{x}\in\mathbb{R}^m} \|\boldsymbol{Ax} - \boldsymbol{b}\|,$$

满足

$$\boldsymbol{Rx}^* = \boldsymbol{Q}^{\mathrm{T}}\boldsymbol{b}.$$

1.2.3 线性回归与最小二乘问题的关系

给定输入数据点 $\{(\boldsymbol{x}_i, y_i)\}_{i=1}^n$, 其中 $\boldsymbol{x}_i = (x_{i1}, \cdots, x_{id})^{\mathrm{T}}$, 寻找一个映射函数来线性拟合数据. 常见的方法是找到系数 β_j, 使以下目标最小化:

$$\sum_{i=1}^{n} (y_i - \hat{y}_i)^2,$$

其中

$$\hat{y}_i = \beta_0 + \sum_{j=1}^{d} \beta_j x_{ij}$$

可以看作系数为 β_j 的线性模型的预测值. 最小化问题可以用矩阵形式表示. 设

$$\boldsymbol{y} = \begin{pmatrix} y_1 \\ y_2 \\ \vdots \\ y_n \end{pmatrix}, \qquad \boldsymbol{A} = \begin{pmatrix} 1 & \boldsymbol{x}_1^{\mathrm{T}} \\ 1 & \boldsymbol{x}_2^{\mathrm{T}} \\ \vdots & \vdots \\ 1 & \boldsymbol{x}_n^{\mathrm{T}} \end{pmatrix} \quad \text{且} \quad \boldsymbol{\beta} = \begin{pmatrix} \beta_0 \\ \beta_1 \\ \vdots \\ \beta_d \end{pmatrix}.$$

然后这个问题转化为

$$\min_{\boldsymbol{\beta}} \|\boldsymbol{y} - \boldsymbol{A\beta}\|^2.$$

这正是在上一节讨论的最小二乘问题.

1.3　主成分分析

主成分分析通常用于降维, 其方法是将每个数据点投影到前几个主成分上, 从而获得低维数据, 同时尽可能多地保留数据的变化. 这一过程的潜在数学原理可以通过奇异值分解来加以解释.

1.3.1　奇异值分解

设 $\boldsymbol{A}$ 是一个 $m \times n$ 的矩阵. 那么 $\boldsymbol{A}^{\mathrm{T}}\boldsymbol{A}$ 是对称的且可以正交对角化. 设 $\boldsymbol{v}_1, \cdots, \boldsymbol{v}_n$ 是 $\mathbb{R}^n$ 的一组标准正交基, 它由 $\boldsymbol{A}^{\mathrm{T}}\boldsymbol{A}$ 的特征向量组成, 设 $\lambda_1, \cdots, \lambda_n$ 为 $\boldsymbol{A}^{\mathrm{T}}\boldsymbol{A}$ 的特征值. 因此, 对任意 $1 \leqslant i \leqslant n$,

$$\begin{aligned}\|\boldsymbol{A}\boldsymbol{v}_i\|^2 &= (\boldsymbol{A}\boldsymbol{v}_i)^{\mathrm{T}}\boldsymbol{A}\boldsymbol{v}_i = \boldsymbol{v}_i^{\mathrm{T}}\boldsymbol{A}^{\mathrm{T}}\boldsymbol{A}\boldsymbol{v}_i \\ &= \boldsymbol{v}_i^{\mathrm{T}}(\lambda_i\boldsymbol{v}_i) \quad (\text{因为 } \boldsymbol{v}_i \text{ 是 } \boldsymbol{A}^{\mathrm{T}}\boldsymbol{A} \text{ 的特征向量}) \\ &= \lambda_i, \qquad\quad (\text{因为 } \boldsymbol{v}_i \text{ 是单位向量})\end{aligned} \tag{1.3.1}$$

所以 $\boldsymbol{A}$ 的特征值都是非负的. 通过重新编号, 不妨假设特征值是这样排列的:

$$\lambda_1 \geqslant \lambda_2 \geqslant \cdots \geqslant \lambda_n \geqslant 0.$$

$\boldsymbol{A}$ 的奇异值是 $\boldsymbol{A}^{\mathrm{T}}\boldsymbol{A}$ 的特征值的平方根, 按降序排列记为 $\sigma_1, \cdots, \sigma_n$. 即当 $1 \leqslant i \leqslant n$ 时, 有 $\sigma_i = \sqrt{\lambda_i}$. $\boldsymbol{A}$ 的奇异值是向量 $\boldsymbol{A}\boldsymbol{v}_1, \cdots, \boldsymbol{A}\boldsymbol{v}_n$ 的长度.

定理1.3.1　如果 $\boldsymbol{A}$ 为 $m\times n$ 的矩阵, 且 $\boldsymbol{A}$ 有 r 个非零奇异值, $\sigma_1, \cdots, \sigma_r \geqslant 0$ 且 $\sigma_{r+1} = \cdots = \sigma_n = 0$, 则 $\dim\operatorname{col}(\boldsymbol{A}) = r$.

证明　令 $\boldsymbol{v}_1, \cdots, \boldsymbol{v}_n$ 为 $\mathbb{R}^n$ 中 $\boldsymbol{A}^{\mathrm{T}}\boldsymbol{A}$ 的标准正交基, 其排序使得 $\boldsymbol{A}^{\mathrm{T}}\boldsymbol{A}$ 对应的特征值满足 $\lambda_1 \geqslant \cdots \geqslant \lambda_n$. 则对任意 $i \neq j$,

$$(\boldsymbol{A}\boldsymbol{v}_i)^{\mathrm{T}}(\boldsymbol{A}\boldsymbol{v}_j) = \boldsymbol{v}_i^{\mathrm{T}}\boldsymbol{A}^{\mathrm{T}}\boldsymbol{A}\boldsymbol{v}_j = \boldsymbol{v}_i^{\mathrm{T}}(\lambda_j\boldsymbol{v}_j) = 0,$$

因为 $\boldsymbol{v}_i$ 和 $\lambda_j\boldsymbol{v}_j$ 是正交的, 所以 $\{\boldsymbol{A}\boldsymbol{v}_1, \cdots, \boldsymbol{A}\boldsymbol{v}_n\}$ 是一个正交基的集合. 设 r 为 $\boldsymbol{A}$ 的非零奇异值个数, 即 r 为 $\boldsymbol{A}^{\mathrm{T}}\boldsymbol{A}$ 的非零特征值个数. 当且仅当 $1 \leqslant i \leqslant r$ 时 $\boldsymbol{A}\boldsymbol{v}_i \neq \boldsymbol{0}$ 成立. 因此 $\{\boldsymbol{A}\boldsymbol{v}_1, \cdots, \boldsymbol{A}\boldsymbol{v}_n\}$ 是线性无关的, 显然在 $\operatorname{col}(\boldsymbol{A})$ 中. 此外, $\forall \boldsymbol{y} \in \operatorname{col}(\boldsymbol{A})$, $\boldsymbol{y} = \boldsymbol{A}\boldsymbol{x}$ 可以写成 $\boldsymbol{x} = c_1\boldsymbol{v}_1 + \cdots + c_n\boldsymbol{v}_n$ 的形式, 且

$$\begin{aligned}\boldsymbol{y} = \boldsymbol{A}\boldsymbol{x} &= c_1\boldsymbol{A}\boldsymbol{v}_1 + \cdots + c_r\boldsymbol{A}\boldsymbol{v}_r + c_{r+1}\boldsymbol{A}\boldsymbol{v}_{r+1} + \cdots + c_n\boldsymbol{A}\boldsymbol{v}_n \\ &= c_1\boldsymbol{A}\boldsymbol{v}_1 + \cdots + c_r\boldsymbol{A}\boldsymbol{v}_r + \boldsymbol{0} + \cdots + \boldsymbol{0}.\end{aligned}$$

因此 $\boldsymbol{y}$ 在 $\{\boldsymbol{A}\boldsymbol{v}_1, \cdots, \boldsymbol{A}\boldsymbol{v}_r\}$ 张成的空间中, 这也表明 $\{\boldsymbol{A}\boldsymbol{v}_1, \cdots, \boldsymbol{A}\boldsymbol{v}_r\}$ 是 $\operatorname{col}(\boldsymbol{A})$ 的 (正交) 基. 因此维数为 $\dim \operatorname{col}(\boldsymbol{A}) = r$.

$\boldsymbol{A}$ 的分解涉及 $m \times n$ 的对角矩阵 $\boldsymbol{\Sigma}$ 形式

$$\boldsymbol{\Sigma} = \begin{pmatrix} \boldsymbol{D} & \boldsymbol{0} \\ \boldsymbol{0} & \boldsymbol{0} \end{pmatrix},$$

其中 $\boldsymbol{D}$ 是 $r \times r$ 的对角矩阵, r 不超过 m 和 n (如果 r 等于 m 或 n, 再或者 m 和 n 相等, 则不会出现部分零矩阵或全部零矩阵).

定理 1.3.2 (奇异值分解) 设 $\boldsymbol{A}$ 为 $m \times n$ 的矩阵, 维数为 $\dim \text{col}(\boldsymbol{A}) = r$. 因此, 存在一个 $m \times n$ 的矩阵 $\boldsymbol{\Sigma}$, 其中 $\boldsymbol{D}$ 的对角线元素为前 r 个奇异值 $\sigma_1 \geqslant \sigma_2 \geqslant \cdots \geqslant \sigma_r \geqslant 0$, 存在一个 $m \times m$ 的正交矩阵 $\boldsymbol{U}$ 和一个 $n \times n$ 的正交矩阵 $\boldsymbol{V}$, 满足

$$\boldsymbol{A} = \boldsymbol{U}\boldsymbol{\Sigma}\boldsymbol{V}^{\mathrm{T}}.$$

分解 $\boldsymbol{A} = \boldsymbol{U}\boldsymbol{\Sigma}\boldsymbol{V}^{\mathrm{T}}$ 称为 $\boldsymbol{A}$ 的奇异值分解 (singular value decomposition, SVD), 若 $\boldsymbol{U}$ 和 $\boldsymbol{V}$ 与 $\boldsymbol{\Sigma}$ 正交. 矩阵 $\boldsymbol{U}$ 和 $\boldsymbol{V}$ 是不唯一的, 但是 $\boldsymbol{\Sigma}$ 的对角线项必然是 $\boldsymbol{A}$ 的奇异值. 在这样的分解中 $\boldsymbol{U}$ 的列称为 $\boldsymbol{A}$ 的左奇异向量, $\boldsymbol{V}$ 的列称为 $\boldsymbol{A}$ 的右奇异向量. 这种类型的矩阵分解如图 1.4 所示.

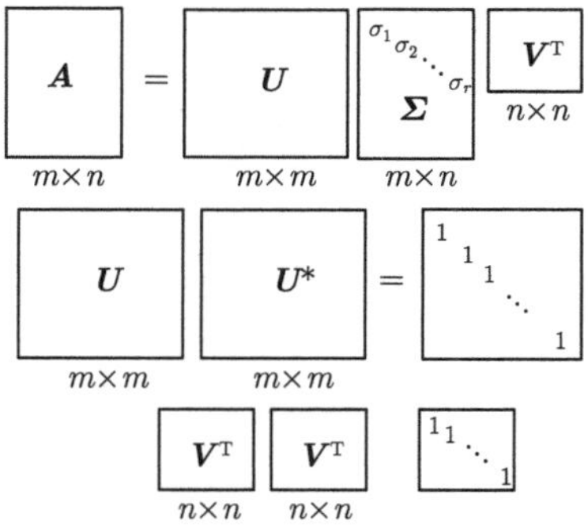

图 1.4 奇异值分解

证明 如定理 1.3.1 证明的那样, 令 λ_i 是 $\boldsymbol{v}_i$ 对应的特征值. 对于任意 $1 \leqslant i \leqslant r$, $\sigma_i = \sqrt{\lambda_i} = \|\boldsymbol{A}\boldsymbol{v}_i\| \geqslant 0$ 成立, $\{\boldsymbol{A}\boldsymbol{v}_1, \cdots, \boldsymbol{A}\boldsymbol{v}_r\}$ 是 $\text{col}(\boldsymbol{A})$ 的一组标准正交基. 对于 $1 \leqslant i \leqslant r$, 定义

$$\boldsymbol{u}_i = \frac{1}{\|\boldsymbol{A}\boldsymbol{v}_i\|}\boldsymbol{A}\boldsymbol{v}_i = \frac{1}{\sigma_i}\boldsymbol{A}\boldsymbol{v}_i.$$

因此

$$\boldsymbol{A}\boldsymbol{v}_i = \sigma_i \boldsymbol{u}_i \quad (1 \leqslant i \leqslant r). \tag{1.3.2}$$

故 $\boldsymbol{u}_1,\cdots,\boldsymbol{u}_r$ 为 $\mathrm{col}(\boldsymbol{A})$ 的标准正交基. 将这个集合扩展到 $\mathbb{R}^m$ 的一组标准正交基 $\boldsymbol{u}_1,\cdots,\boldsymbol{u}_m$ 上, 且设

$$\boldsymbol{U}=(\boldsymbol{u}_1,\boldsymbol{u}_2,\cdots,\boldsymbol{u}_m) \quad 和 \quad \boldsymbol{V}=(\boldsymbol{v}_1,\boldsymbol{v}_2,\cdots,\boldsymbol{v}_n).$$

那么 $\boldsymbol{U}$ 和 $\boldsymbol{V}$ 为正交矩阵, 并且

$$\begin{aligned}\boldsymbol{AV}&=(\boldsymbol{Av}_1,\cdots,\boldsymbol{Av}_r,0,\cdots,0)\\&=(\sigma_1\boldsymbol{u}_1,\cdots,\sigma_r\boldsymbol{u}_r,0,\cdots,0).\end{aligned}$$

设 $\boldsymbol{D}$ 为对角矩阵, 其对角元素为 $\sigma_1,\cdots,\sigma_r$. 因此

$$\begin{aligned}\boldsymbol{U\Sigma}&=(\boldsymbol{u}_1,\boldsymbol{u}_2,\cdots,\boldsymbol{u}_m)\left(\begin{array}{cccc|c}\sigma_1 & & & 0 & \\ & \sigma_2 & & & 0\\ & & \ddots & & \\ 0 & & & \sigma_r & \\ \hline & & 0 & & 0\end{array}\right)\\&=(\sigma_1\boldsymbol{u}_1,\sigma_2\boldsymbol{u}_2,\cdots,\sigma_r\boldsymbol{u}_r,0,\cdots,0)=\boldsymbol{AV}.\end{aligned}$$

因为 $\boldsymbol{V}$ 是正交矩阵, 所以 $\boldsymbol{U\Sigma V}^{\mathrm{T}}=\boldsymbol{AVV}^{\mathrm{T}}=\boldsymbol{A}$.

1.3.2 低秩矩阵逼近

在本节中, 我们讨论矩阵的低秩近似. 首先, 我们引入矩阵范数, 以便能够讨论两个矩阵之间的距离.

定义 1.3.3 (导出范数) 矩阵 $\boldsymbol{A}\in\mathbb{R}^{n\times m}$ 的 2 范数为

$$\|\boldsymbol{A}\|_2=\max_{\boldsymbol{0}\neq\boldsymbol{x}\in\mathbb{R}^m}\frac{\|\boldsymbol{Ax}\|}{\|\boldsymbol{x}\|}=\max_{\boldsymbol{x}\neq\boldsymbol{0},\|\boldsymbol{x}\|=1}\|\boldsymbol{Ax}\|=\max_{\boldsymbol{x}\neq\boldsymbol{0},\|\boldsymbol{x}\|=1}\boldsymbol{x}^{\mathrm{T}}\boldsymbol{A}^{\mathrm{T}}\boldsymbol{Ax}. \tag{1.3.3}$$

设 $\boldsymbol{A}\in\mathbb{R}^{n\times m}$ 是一个 SVD 矩阵,

$$\boldsymbol{A}=\sum_{j=1}^{r}\sigma_j\boldsymbol{u}_j\boldsymbol{v}_j^{\mathrm{T}}. \tag{1.3.4}$$

对于 $k<r$, 截断第 k 项的和

$$\boldsymbol{A}_k=\sum_{j=1}^{k}\sigma_j\boldsymbol{u}_j\boldsymbol{v}_j^{\mathrm{T}}. \tag{1.3.5}$$

$\boldsymbol{A}_k$ 的秩正好是 k. 构造:

(1) 向量 $\{\boldsymbol{u}_j : j=1,\cdots,k\}$ 是相互正交的;

(2) 对于任意 $j=1,\cdots,k$, 有 $\sigma_j>0$, 并且向量 $\{\boldsymbol{v}_j : j=1,\cdots,k\}$ 是正交的, $\{\boldsymbol{u}_j : j=1,\cdots,k\}$ 张成 $\boldsymbol{A}_k$ 的列空间.

引理 1.3.4 (矩阵范数与奇异值) 令 $\boldsymbol{A}\in\mathbb{R}^{n\times m}$ 是一个 SVD 矩阵,

$$\boldsymbol{A}=\sum_{j=1}^{r}\sigma_j\boldsymbol{u}_j\boldsymbol{v}_j^{\mathrm{T}},$$

$\sigma_1\geqslant\sigma_2\geqslant\cdots\geqslant\sigma_r>0$. 设 $\boldsymbol{A}_k$ 为上边定义的截断. 则有

$$\|\boldsymbol{A}-\boldsymbol{A}_k\|_2^2=\sigma_{k+1}^2.$$

证明 对任意 $\boldsymbol{x}\neq\boldsymbol{0}$ 且 $\|\boldsymbol{x}\|=1$,

$$\begin{aligned}\|(\boldsymbol{A}-\boldsymbol{A}_k)\boldsymbol{x}\|^2&=\left\|\sum_{j=k+1}^{r}\sigma_j\boldsymbol{u}_j(\boldsymbol{v}_j^{\mathrm{T}}\boldsymbol{x})\right\|^2=\sum_{j=k+1}^{r}\sigma_j^2\langle\boldsymbol{v}_j,\boldsymbol{x}\rangle^2\\&=\boldsymbol{x}^{\mathrm{T}}(\boldsymbol{A}-\boldsymbol{A}_k)^{\mathrm{T}}(\boldsymbol{A}-\boldsymbol{A}_k)\boldsymbol{x}.\end{aligned}$$

因为 σ_j 的顺序是下降的, 所以 $\langle\boldsymbol{v}_j,\boldsymbol{x}\rangle=1$, 否则为 0, 这将达到最大值. 根据定理 1.1.27, $\boldsymbol{x}=\boldsymbol{v}_{k+1}$ 的范数为 σ_{k+1}^2.

基于此, 可以证明以下定理 [5] .

定理 1.3.5 (诱导范数中的低秩逼近) 令 $\boldsymbol{A}\in\mathbb{R}^{n\times m}$ 为一个 SVD 矩阵,

$$\boldsymbol{A}=\sum_{j=1}^{r}\sigma_j\boldsymbol{u}_j\boldsymbol{v}_j^{\mathrm{T}},$$

令 $\boldsymbol{A}_k$ 为上面定义的 $k<r$ 的截断, 对于秩不超过 k 的矩阵 $\boldsymbol{B}\in\mathbb{R}^{n\times m}$, 有

$$\|\boldsymbol{A}-\boldsymbol{A}_k\|_2\leqslant\|\boldsymbol{A}-\boldsymbol{B}\|_2. \tag{1.3.6}$$

1.3.3 主成分分析方法

1.3.3.1 协方差矩阵

为了介绍主成分分析, 设 $(\boldsymbol{X}_1,\cdots,\boldsymbol{X}_N)$ 是一个 $p\times N$ 的观测矩阵. 观测向量 $\boldsymbol{X}_1,\cdots,\boldsymbol{X}_N$ 的样本均值 $\boldsymbol{M}$ 满足

$$\boldsymbol{M}=\frac{1}{N}\left(\boldsymbol{X}_1+\cdots+\boldsymbol{X}_N\right).$$

对于图 1.5 中的数据, 样本均值是散点图“中心”的点. 对于 $k = 1, \cdots, N$, 设

$$\hat{\boldsymbol{X}}_k = \boldsymbol{X}_k - \boldsymbol{M}.$$

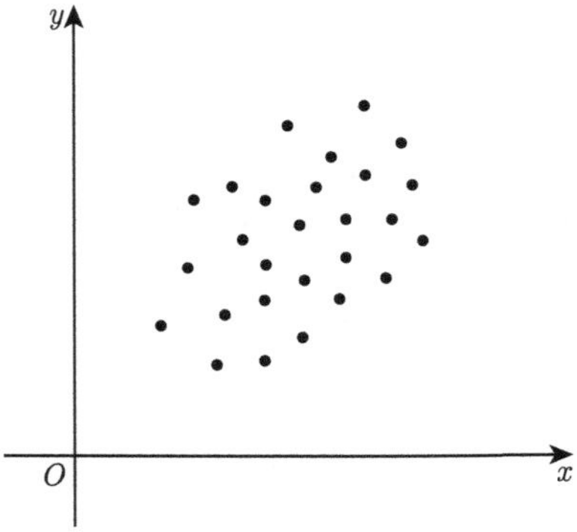

图 1.5　观测向量 $\boldsymbol{X}_1, \cdots, \boldsymbol{X}_N$ 的散点图

$p \times N$ 的矩阵的列向量

$$\boldsymbol{B} = \left(\hat{\boldsymbol{X}}_1, \hat{\boldsymbol{X}}_2, \cdots, \hat{\boldsymbol{X}}_N\right).$$

样本均值为零, $\boldsymbol{B}$ 为均值偏差形式. 当从数据中减去样本均值时, 得到如图 1.6 所示的散点图.

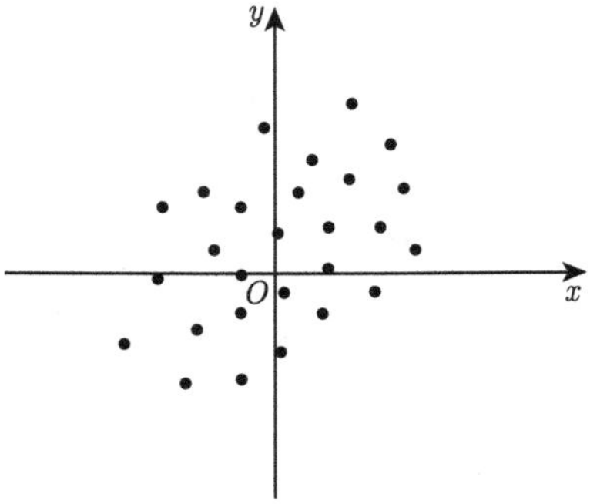

图 1.6　均值偏差形式的数据

(样本) 协方差矩阵是一个 $p \times p$ 的矩阵 $\boldsymbol{S}$, 定义为

$$\boldsymbol{S} = \frac{1}{N-1}\boldsymbol{B}\boldsymbol{B}^{\mathrm{T}},$$

其中 $\boldsymbol{S}$ 是半正定矩阵, 因为任何 $\boldsymbol{B}\boldsymbol{B}^{\mathrm{T}}$ 形式的矩阵都是半正定的.

1.3.3.2 主成分载荷量

现在假设 $p \times N$ 的数据矩阵的列已经在均值偏差中.

$$\boldsymbol{X} = (\boldsymbol{X}_1, \boldsymbol{X}_2, \cdots, \boldsymbol{X}_N).$$

主成分分析 (principal component analysis, PCA) 的目标是找出 k $(k \leqslant p)$ 个标准正交向量 $\boldsymbol{v}_1, \cdots, \boldsymbol{v}_k$ (前 k 个主成分), 使目标函数最大化

$$\frac{1}{N}\sum_{i=1}^{N}\sum_{j=1}^{k}\langle \boldsymbol{X}_i, \boldsymbol{v}_j\rangle^2, \tag{1.3.7}$$

其中 $\langle \boldsymbol{X}_i, \boldsymbol{v}_j\rangle$ 是 $\boldsymbol{X}_i$ 在 $\boldsymbol{v}_j$ 的投影长度.

换句话说, 对每一个 j, 易知

$$\boldsymbol{v}_j^{\mathrm{T}}\boldsymbol{X}\boldsymbol{X}^{\mathrm{T}}\boldsymbol{v}_j = (\boldsymbol{X}^{\mathrm{T}}\boldsymbol{v}_j)^{\mathrm{T}}(\boldsymbol{X}^{\mathrm{T}}\boldsymbol{v}_j) = \sum_{i=1}^{N}\langle \boldsymbol{X}_i, \boldsymbol{v}_j\rangle^2, \tag{1.3.8}$$

其中 $\boldsymbol{X}\boldsymbol{X}^{\mathrm{T}}$ 是一个 $p \times p$ 的矩阵. 对每个 $j \leqslant k$, 方差最大化问题可以重新表述为

$$\underset{\boldsymbol{v}:||\boldsymbol{v}||=1}{\operatorname{argmax}}\, {\boldsymbol{v}_j}^{\mathrm{T}}\boldsymbol{X}\boldsymbol{X}^{\mathrm{T}}\boldsymbol{v}_j. \tag{1.3.9}$$

假设

$$\boldsymbol{X}\boldsymbol{X}^{\mathrm{T}} = \boldsymbol{V}\mathrm{diag}(\lambda_1, \cdots, \lambda_p)\boldsymbol{V}^{\mathrm{T}}, \quad \text{或者} \quad \boldsymbol{V}^{\mathrm{T}}\boldsymbol{X}\boldsymbol{X}^{\mathrm{T}}\boldsymbol{V} = \mathrm{diag}(\lambda_1, \cdots, \lambda_p).$$

根据定理 1.3.5, $\boldsymbol{X}\boldsymbol{X}^{\mathrm{T}}$ 的前 k 个特征向量对应于协方差矩阵 $\boldsymbol{X}\boldsymbol{X}^{\mathrm{T}}$ 的前 k 个最大特征值, 这些特征值也是协方差矩阵 $\boldsymbol{X}\boldsymbol{X}^{\mathrm{T}}$ 中的 $\boldsymbol{V} = (\boldsymbol{v}_1, \cdots, \boldsymbol{v}_p)$ 的前 k 列, 它们称为数据的主成分 (在观测矩阵中). 第一个主成分是 $\boldsymbol{X}\boldsymbol{X}^{\mathrm{T}}$ 的最大特征值对应的特征向量, 第二个主成分是第二大特征值对应的特征向量, 以此类推.

$p \times p$ 的正交矩阵 $\boldsymbol{V} = (\boldsymbol{v}_1, \cdots, \boldsymbol{v}_p)$ 决定变量的波动, $\boldsymbol{x} = \boldsymbol{V}\boldsymbol{y}$, 或者

$$\begin{pmatrix} x_1 \\ x_2 \\ \vdots \\ x_p \end{pmatrix} = (\boldsymbol{v}_1, \boldsymbol{v}_2, \cdots, \boldsymbol{v}_p)\begin{pmatrix} y_1 \\ y_2 \\ \vdots \\ y_p \end{pmatrix},$$

新变量 $y_1, \cdots, y_p$ 是不相关的, 并按方差递减的顺序排列, 满足

$$\boldsymbol{x}^{\mathrm{T}}\boldsymbol{X}\boldsymbol{X}^{\mathrm{T}}\boldsymbol{x}=\boldsymbol{y}^{\mathrm{T}}\boldsymbol{V}^{\mathrm{T}}\boldsymbol{X}\boldsymbol{X}^{\mathrm{T}}\boldsymbol{V}\boldsymbol{y}=\boldsymbol{y}^{\mathrm{T}}\mathrm{diag}(\lambda_1,\cdots,\lambda_p)\boldsymbol{y}=\sum_{i=1}^{p}\lambda_i y_i^2.$$

变量 $\boldsymbol{x}=\boldsymbol{V}\boldsymbol{y}$ 的正交变换使得每个观测向量 $\boldsymbol{x}$ 得到一个 "新名称" $\boldsymbol{y}$, 并且得 $\boldsymbol{x}=\boldsymbol{V}\boldsymbol{y}$. 注意 $\boldsymbol{y}=\boldsymbol{V}^{-1}\boldsymbol{x}=\boldsymbol{V}^{\mathrm{T}}\boldsymbol{x}$, 设 $v_{1i},\cdots,v_{pi}$ 是 $\boldsymbol{v}_i$ 中的元素. 因为 $\boldsymbol{v}_i^{\mathrm{T}}$ 是 $\boldsymbol{V}^{\mathrm{T}}$ 的第 i 行, 方程 $\boldsymbol{y}=\boldsymbol{V}^{\mathrm{T}}\boldsymbol{x}$ 表明

$$y_i=\boldsymbol{v}_i^{\mathrm{T}}\boldsymbol{x}=v_{1i}x_1+v_{2i}x_2+\cdots+v_{pi}x_p.$$

因此 y_i 是原始变量 $x_1,\cdots,x_p$ 的线性组合, 使用特征向量 $\boldsymbol{v}_i$ 作为权重, 称之为载荷量.

1.3.3.3 总方差

考虑 $p\times N$ 的数据矩阵的列, 并假设它已经在均值偏差中,

$$\boldsymbol{X}=(\boldsymbol{X}_1,\boldsymbol{X}_2,\cdots,\boldsymbol{X}_N),$$

令协方差矩阵 $\boldsymbol{S}$ 满足

$$\boldsymbol{S}=\frac{1}{N-1}\boldsymbol{X}\boldsymbol{X}^{\mathrm{T}}.$$

对于 $j=1,\cdots,p$, $\boldsymbol{S}$ 中对角项 s_{jj} 称为 x_j 的方差, 它是 $\boldsymbol{X}$ 的第 j 行. x_j 的方差度量了 x_j 值的分布. 数据的总方差是 $\boldsymbol{S}$ 对角线的和. 一般来说, 方阵 $\boldsymbol{S}$ 的对角线项的和称为矩阵的迹, 写为 $\mathrm{tr}(\boldsymbol{S})$. 因此

$$\text{总方差}=\mathrm{tr}(\boldsymbol{S}).$$

注意, 如果

$$\boldsymbol{X}\boldsymbol{X}^{\mathrm{T}}=\boldsymbol{V}\mathrm{diag}(\lambda_1,\cdots,\lambda_p)\boldsymbol{V}^{\mathrm{T}},\quad \text{或者}\quad \boldsymbol{V}^{\mathrm{T}}\boldsymbol{X}\boldsymbol{X}^{\mathrm{T}}\boldsymbol{V}=\mathrm{diag}(\lambda_1,\cdots,\lambda_p),$$

则

$$\mathrm{tr}(\boldsymbol{S})=\frac{1}{N-1}\sum_{j=1}^{p}\lambda_j.$$

因为 $\mathrm{tr}\left(\boldsymbol{V}\boldsymbol{S}\boldsymbol{V}^{\mathrm{T}}\right)=\mathrm{tr}(\boldsymbol{S})$, 所以第一个 k 项截断的方差的分数是

$$\sum_{j=1}^{k}\lambda_j\Big/\sum_{j=1}^{p}\lambda_j.$$

例 1.3.6 对矩阵 $\boldsymbol{A}$ 进行奇异值分解

$$\boldsymbol{A}=\begin{pmatrix} 0 & 1 \\ 1 & 1 \\ 1 & 0 \end{pmatrix}. \tag{1.3.10}$$

证明 首先求出 $\boldsymbol{A}\boldsymbol{A}^{\mathrm{T}}$ 和 $\boldsymbol{A}^{\mathrm{T}}\boldsymbol{A}$.

$$\boldsymbol{A}\boldsymbol{A}^{\mathrm{T}}=\begin{pmatrix} 0 & 1 \\ 1 & 1 \\ 1 & 0 \end{pmatrix}\begin{pmatrix} 0 & 1 & 1 \\ 1 & 1 & 0 \end{pmatrix}=\begin{pmatrix} 1 & 1 & 0 \\ 1 & 2 & 1 \\ 0 & 1 & 1 \end{pmatrix}, \tag{1.3.11}$$

$$\boldsymbol{A}^{\mathrm{T}}\boldsymbol{A}=\begin{pmatrix} 0 & 1 & 1 \\ 1 & 1 & 0 \end{pmatrix}\begin{pmatrix} 0 & 1 \\ 1 & 1 \\ 1 & 0 \end{pmatrix}=\begin{pmatrix} 2 & 1 \\ 1 & 2 \end{pmatrix}. \tag{1.3.12}$$

进一步求出 $\boldsymbol{A}\boldsymbol{A}^{\mathrm{T}}$ 和 $\boldsymbol{A}^{\mathrm{T}}\boldsymbol{A}$ 的特征值和特征向量

$$\left|\lambda\boldsymbol{E}-\boldsymbol{A}\boldsymbol{A}^{\mathrm{T}}\right|=\begin{vmatrix} \lambda-1 & -1 & 0 \\ -1 & \lambda-2 & -1 \\ 0 & -1 & \lambda-1 \end{vmatrix}=0. \tag{1.3.13}$$

解得 $\boldsymbol{A}\boldsymbol{A}^{\mathrm{T}}$ 的特征值: $\lambda_1=3$, $\lambda_2=1$, $\lambda_3=0$.

$\lambda_1=3$ 对应的特征向量为: $\boldsymbol{u}_1=\begin{pmatrix} 1/\sqrt{6} \\ 2/\sqrt{6} \\ 1/\sqrt{6} \end{pmatrix}$.

$\lambda_2=1$ 对应的特征向量为: $\boldsymbol{u}_2=\begin{pmatrix} 1/\sqrt{2} \\ 0 \\ -1/\sqrt{2} \end{pmatrix}$.

$\lambda_3=0$ 对应的特征向量为: $\boldsymbol{u}_3=\begin{pmatrix} 1/\sqrt{3} \\ -1/\sqrt{3} \\ 1/\sqrt{3} \end{pmatrix}$.

$\boldsymbol{A}^{\mathrm{T}}\boldsymbol{A}$ 的特征值为: $\lambda_1=3$, $\lambda_2=1$.

$\lambda_1=3$ 对应的特征向量为: $\boldsymbol{v}_1=\begin{pmatrix} 1/\sqrt{2} \\ 1/\sqrt{2} \end{pmatrix}$.

$\lambda_2 = 1$ 对应的特征向量为: $\boldsymbol{v}_2 = \begin{pmatrix} -1/\sqrt{2} \\ 1/\sqrt{2} \end{pmatrix}$.

利用 $\boldsymbol{A}\boldsymbol{v}_i = \sigma_i \boldsymbol{u}_i, i = 1, 2$, 求解奇异值:

$$\begin{pmatrix} 0 & 1 \\ 1 & 1 \\ 1 & 0 \end{pmatrix} \begin{pmatrix} 1/\sqrt{2} \\ 1/\sqrt{2} \end{pmatrix} = \sigma_1 \begin{pmatrix} 1/\sqrt{6} \\ 2/\sqrt{6} \\ 1/\sqrt{6} \end{pmatrix} \Rightarrow \sigma_1 = \sqrt{3}, \tag{1.3.14}$$

$$\begin{pmatrix} 0 & 1 \\ 1 & 1 \\ 1 & 0 \end{pmatrix} \begin{pmatrix} -1/\sqrt{2} \\ 1/\sqrt{2} \end{pmatrix} = \sigma_2 \begin{pmatrix} 1/\sqrt{2} \\ 0 \\ -1/\sqrt{2} \end{pmatrix} \Rightarrow \sigma_2 = 1, \tag{1.3.15}$$

则 $\boldsymbol{A}$ 的奇异值分解为

$$\boldsymbol{A} = \boldsymbol{U}\boldsymbol{\Sigma}\boldsymbol{V}^{\mathrm{T}} = \begin{pmatrix} 1/\sqrt{6} & 1/\sqrt{2} & 1/\sqrt{3} \\ 2/\sqrt{6} & 0 & -1/\sqrt{3} \\ 1/\sqrt{6} & -1/\sqrt{2} & 1/\sqrt{3} \end{pmatrix} \begin{pmatrix} \sqrt{3} & 0 \\ 0 & 1 \\ 0 & 0 \end{pmatrix} \cdot \begin{pmatrix} 1/\sqrt{2} & 1/\sqrt{2} \\ -1/\sqrt{2} & 1/\sqrt{2} \end{pmatrix}. \tag{1.3.16}$$

1.4 习　　题

1. 给定 $\boldsymbol{X}$ 的协差阵, 对其进行主成分分析

$$\boldsymbol{\Sigma} = \begin{pmatrix} 2 & 0 & 0 \\ 0 & 2/3 & 1/2 \\ 0 & 1/2 & 3/2 \end{pmatrix}.$$

求出每个主成分载荷量.

2. 求矩阵 $\boldsymbol{A}$ 的奇异值分解

$$\boldsymbol{A} = \begin{pmatrix} 1 & 0 & 1 \\ 0 & 1 & 1 \\ 0 & 0 & 0 \end{pmatrix}.$$

3. 给定一组数据 $\boldsymbol{X} = (\boldsymbol{X}_1, \boldsymbol{X}_2, \boldsymbol{X}_3)$, 其中 $\boldsymbol{X}_1, \boldsymbol{X}_2, \boldsymbol{X}_3$ 的样本数据如下: $\boldsymbol{X}_1 = (1, 2, 3, 4)^{\mathrm{T}}, \boldsymbol{X}_2 = (2, 3, 4, 5)^{\mathrm{T}}, \boldsymbol{X}_3 = (3, 4, 5, 6)^{\mathrm{T}}$. 计算 $\boldsymbol{X}$ 的协方差矩阵.

4. 给定最小二乘问题 $\boldsymbol{Ax}=\boldsymbol{b}$, 其中

$$\boldsymbol{A}=\begin{pmatrix}1 & 2\\3 & 4\\5 & 6\end{pmatrix}$$

和

$$\boldsymbol{b}=\begin{pmatrix}1\\2\\3\end{pmatrix},$$

使用 QR 分解求解 $\boldsymbol{x}$.

第 2 章　概　率　论

概率论涉及不确定性的研究, 通常应用于量化数据分析和预测中的不确定性, 以及数据科学和机器学习模型中的不确定性. 概率是一个重要的数学概念, 对于建模和理解各种模型性能至关重要. 数据科学和机器学习广泛依赖于概率模型. 本节旨在为学习和理解数据科学概念提供必要的概率论背景知识, 包括概率的基本概念、概率分布、条件概率、随机变量, 并探讨如何计算期望和方差, 以及极大似然估计等内容. 此外, 有关概率论及其应用的详细信息可在多个参考文献中找到, 如文献 [3,6].

2.1　概率分布

概率分布是一个数学函数, 它给出了一个试验中不同结果发生的概率, 这里分别讨论离散型概率分布和连续型概率分布.

2.1.1　概率公理

假设存在一个**试验**, 它可以是任何活动或过程, 其结果具有不确定性. 通常, "试验" 一词可以表示计划好的或仔细控制的实验室测试情况. 在概率论中, 这个术语使用更广泛. 因此, 人们感兴趣的试验可能包括抛硬币一次或多次、从一副牌中抽取一张或几张牌、测量一块面包的重量、记录某个特定早晨的通勤时间、收集一组人的血型数据, 或者测量人类的血压.

定义 2.1.1　一个试验的**样本空间**, 是该试验所有可能结果的集合, 用 S 表示.

在概率论中, 我们不仅对 S 的单个结果感兴趣, 而且对 S 的各种结果的集合感兴趣. 事实上, 研究结果的集合通常更有意义.

定义 2.1.2　**事件**是样本空间 S 中包含的任何结果的集合 (子集). 如果一个事件只包含一个结果, 那么它就是简单事件; 如果一个事件包含多个结果, 那么它就是**复合**事件.

定义 2.1.3　给定一个试验和一个样本空间 S, **概率分布**是一个函数, 它给事件 A 分配一个数 $P(A)$, 称为**事件 A 的概率**, $P(A)$ 表示 A 发生的概率. 概率的赋值应满足以下概率公理 (基本属性):

(1) 对于任意事件 $A, 1 \geqslant P(A) \geqslant 0$.

(2) $P(S)=1$.

(3) 如果 $A_1, A_2, A_3, \cdots$ 是不相交事件的无限集合, 那么

$$P\left(A_1 \cup A_2 \cup A_3 \cup \cdots\right)=\sum_{i=1}^{\infty} P\left(A_i\right).$$

(4) 对于任意事件 $A, P(A)+P\left(A'\right)=1$, 其中 $P(A)=1-P\left(A'\right)$.

(5) 若事件 A 和 B 是互斥事件, 则 $P(A \cup B)=P(A)+P(B)$. 对于任意两个事件 A 和 B, $P(A \cup B)=P(A)+P(B)-P(A \cap B)$.

例 2.1.4 在一个包含 N 个等可能性结果的试验中, 我们合理地为所有 N 个基本事件赋予相同的概率, 即每个基本事件的概率为 $1/N$. 现在考虑一个事件 A, 其中 $N(A)$ 表示 A 中包含的结果数量, 我们有

$$P(A)=\frac{N(A)}{N}.$$

2.1.2 条件概率

条件概率的定义是, 某一事件或结果基于先前发生的事件或结果发生的可能性. 条件概率表示为无条件概率的比率: 分子是两个事件交叉的概率, 分母是条件事件 B 的概率. 鉴于 B 已经发生, 相关的样本空间不再是 S, 而是由 B 中的结果组成; 当且仅当交集中的一个结果发生时, A 才发生, 因此给定 B 的条件下 A 的概率正比于 $P(A \cap B)$. 图 2.1 中的维恩图阐明了这种关系.

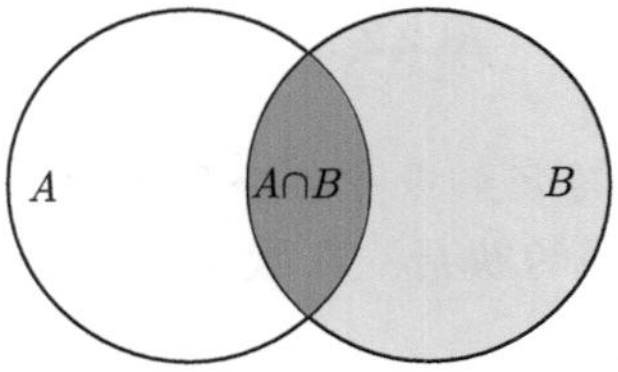

图 2.1 条件概率

定义 2.1.5 对于 $P(B)>0$ 的任意两个事件 A 和 B, 考虑到 B 已经发生, A 的**条件概率**定义如下

$$P(A \mid B)=\frac{P(A \cap B)}{P(B)}. \tag{2.1.1}$$

由条件概率可以推出概率的乘法法则:

$$P(A \cap B)=P(A \mid B) \cdot P(B).$$

这条法则很重要, 因为通常情况下, 需要的是 $P(A \cap B)$, 而 $P(B)$ 和 $P(A \mid B)$ 都可以从问题描述中得到.

通常人们会对事件 A 和 B 是否独立感兴趣, 若 A 和 B 独立, 则意味着一个事件发生与否不会影响另一个事件发生的概率.

定义 2.1.6 若 $P(A \mid B) = P(A)$ (或 $P(A \cap B) = P(A) \cdot P(B)$), 则 A 和 B 这两个事件就是独立的, 否则就是**依赖**的.

两个事件独立的概念可以扩展到两个以上事件的集合.

定义 2.1.7 事件 $A_1, \cdots, A_n$ 是相互独立的, 如果对于每一个 k ($k = 2, 3, \cdots, n$) 和每一个指标集 $i_1, i_2, \cdots, i_k$, 都有

$$P\left(A_{i_1} \cap A_{i_2} \cap \cdots \cap A_{i_k}\right) = P\left(A_{i_1}\right) \cdot P\left(A_{i_2}\right) \cdot \cdots \cdot P\left(A_{i_k}\right).$$

2.1.3 离散型随机变量

随机变量被理解为定义在概率空间上的可测量函数, 它从样本空间映射到实数. 通常来说, 将试验的每个结果与一个数字联系起来很方便. 如图 2.2 所示, 随机变量被非正式地描述为取决于随机现象结果的变量.

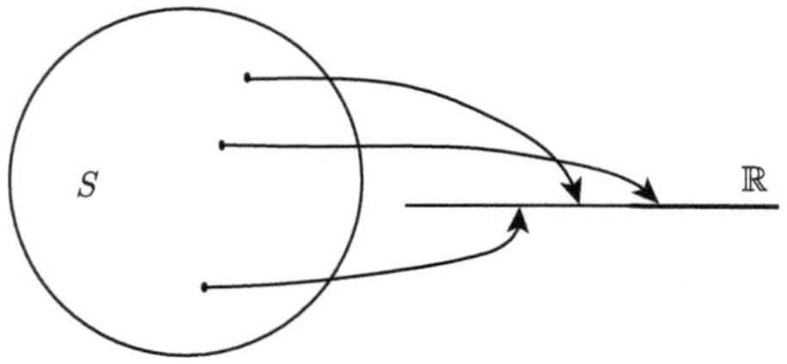

图 2.2 随机变量

定义 2.1.8 对于试验给定的某个样本空间 S 来说, **随机变量**就是将一个数字与 S 中的每个结果相关联的映射. 在数学上, 随机变量是一个函数, 其定义域是样本空间, 其值域是实数集.

随机变量有两种不同类型.

定义 2.1.9 **离散型**随机变量是一种随机变量, 它的可能值要么构成一个有限集合, 要么可以列在一个无限序列中. 如果一个随机变量同时满足以下两个条件, 则称其为**连续型**随机变量:

(1) 它的可能值集由数轴上单个区间内的所有数字组成;

(2) 对于任何可能的值 c, $P(X = c) = 0$ 都成立.

在实际应用中, 人们希望了解概率总和为 1 时是如何分配各种可能的 X 值的. 概率质量函数 (probability mass function, pmf) 是一个给出离散型随机变量

恰好等于某个值的概率的函数. 概率质量函数指定了在进行试验时观察到该值的概率.

定义 2.1.10 离散型随机变量的**概率分布**或**概率质量函数**的定义如下:

$$p(x) = P(X = x) = P(\text{所有}\, s \in S : X(s) = x).$$

定义 2.1.11 对于具有 pmf $p(x)$ 的离散型随机变量 X, 其关于 x 的累积分布函数 (cumulative distribution function, cdf) $F(x)$ 定义为

$$F(x) = P(X \leqslant x) = \sum_{y:y \leqslant x} p(y). \tag{2.1.2}$$

例 2.1.12 在许多情况下, 与随机变量相关的只有两种可能的值. 任何只可能取值为 0 和 1 的随机变量都称为**伯努利随机变量**. 给定每次伯努利试验的两个结果: 成功 (S) 和失败 (F). 由 n 次独立伯努利试验组成的二项随机变量 X 定义为

$$X = n\ \text{次试验中成功的个数}.$$

每次试验成功的概率都是常数 p. X 的 pmf 有如下的形式

$$b(x; n, p) = \begin{cases} \mathrm{C}_n^x p^x (1-p)^{n-x}, & x = 0, 1, 2, 3, \cdots, n, \\ 0, & \text{其他}. \end{cases}$$

X 的 cdf 形式如下:

$$B(x; n, p) = P(X \leqslant x) = \sum_{y \leqslant x} b(x; n, p) = \sum_{y=0}^{x} \mathrm{C}_n^y p^y (1-p)^{n-y}. \tag{2.1.3}$$

例 2.1.13 泊松分布是一种离散型概率分布, 它描述的是在一个固定的时间或空间间隔内发生一定数量事件的概率, 这些事件以已知的恒定平均速率发生, 并且与上次事件发生后的时间无关. 如果离散型随机变量 X 的 pmf 如下:

$$p(x; \mu) = \frac{e^{-\mu} \mu^x}{x!}, \quad x = 0, 1, 2, 3, \cdots,$$

则称其具有参数为 μ 的泊松分布.

随机变量 X 的期望是加权平均的一种推广, 直观上讲是对 X 的大量独立试验结果的算术平均值.

定义 2.1.14 设 X 为一个离散型随机变量，其可能值集合为 D，概率质量函数为 pmf $p(x)$. X 的**期望**或**均值** (用 $E(X)$ 或 μ_X 表示或简称为 μ) 为

$$E(X) = \mu_X = \sum_{x \in D} x \cdot p(x).$$

例 2.1.15 设 X 是一个伯努利随机变量，其 pmf 为 $p(1) = p$, $p(0) = 1 - p$, 由此得出 $E(X) = 0 \times p(0) + 1 \times p(1) = p$. 也就是说 X 的期望就是取值为 1 的概率.

部分场景需要计算某个函数 $h(X)$ 的期望，而不仅仅是 $E(X)$.

命题 2.1.16 如果随机变量 X 有一组可能值 D 和 pmf $p(x)$，那么任何函数 $h(X)$ 的期望可以用 $E[h(X)]$ 或 $\mu_{h(X)}$ 表示，计算公式为

$$E[h(X)] = \sum_{D} h(x) \cdot p(x).$$

特别地，

$$E(aX + b) = a \cdot E(X) + b.$$

方差可以衡量一组数字离其平均值的分散程度.

定义 2.1.17 设 X 有 pmf $p(x)$ 和期望值 μ，那么 X 的**方差** (用 $V(X)$ 或 σ_X^2 表示，或只用 σ^2 表示) 为

$$V(X) = \sum_{D} (x - \mu)^2 \cdot p(x) = E\left[(X - \mu)^2\right].$$

X 的**标准差** (SD) 为

$$\sigma_X = \sqrt{\sigma_X^2}.$$

验证这一点很容易.

命题 2.1.18

$$V(aX + b) = \sigma_{aX+b}^2 = a^2 \cdot \sigma_X^2, \qquad \sigma_{aX+b} = |a| \cdot \sigma_X.$$

特别地，

$$\sigma_{aX} = |a| \cdot \sigma_X, \quad \sigma_{X+b} = \sigma_X. \tag{2.1.4}$$

这两个重要分布的期望和方差是重要的.

命题 2.1.19 (1) 如果 X 是参数为 n,p 的二项随机变量, 那么 $E(X)=np$, $V(X)=np(1-p)$, $\sigma_X=\sqrt{np(1-p)}$;

(2) 如果 X 是一个参数为 μ 的泊松分布, 那么 $E(X)=\mu$, $V(X)=\mu$.

2.1.4 连续型随机变量

如果可能的取值包括数轴上的单个区间或不相交区间的并集, 那么随机变量 X 是连续的.

定义 2.1.20 设 X 是连续型随机变量. 对于任意两个数 a 和 b, 且 $a\leqslant b$, 那么 X 的**概率分布**或**概率密度函数**使得如下等式成立:

$$P(a\leqslant X\leqslant b)=\int_a^b f(x)dx.$$

也就是说, X 取值于区间 $[a,b]$ 的概率是该区间上密度函数下方的面积, 如图 2.3 所示. $f(x)$ 必须满足以下两个条件:

(1) 对于所有 x, 有 $f(x)\geqslant 0$.

(2) $\displaystyle\int_{-\infty}^{\infty} f(x)dx=F(x)$即整个图下的总面积为 1.

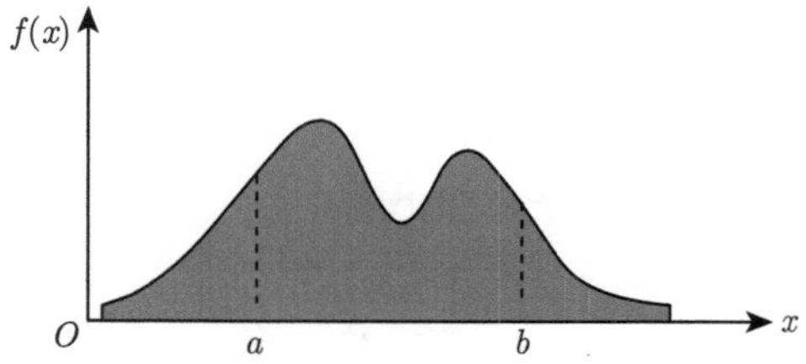

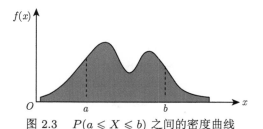

图 2.3 $P(a\leqslant X\leqslant b)$ 之间的密度曲线

2.1.4.1 期望和方差

类似离散型随机变量, 我们用如下方法定义连续型随机变量的期望和方差.

定义 2.1.21 带有概率密度函数 (probability density function, pdf) pdf $f(x)$ 的连续型随机变量 X 的**期望**或**均值**定义为

$$\mu_X=E(X)=\int_{-\infty}^{\infty} x\cdot f(x)dx.$$

定义 2.1.22 带有 pdf $f(x)$ 的连续型随机变量 X 的**方差**定义为

$$\sigma_X^2=V(X)=\int_{-\infty}^{\infty}(x-\mu)^2\cdot f(x)dx=E\left[(X-\mu)^2\right].$$

X 的**标准差** (SD) 是 $\sigma_X = \sqrt{V(X)}$.

这些很容易证明.

命题 2.1.23　期望值和方差具有以下性质: 如果 X 是一个具有 pdf $f(x)$ 的连续型随机变量, 且 $h(X)$ 是关于 X 的任意一个函数, 那么

$$E[h(X)] = \mu_{h(X)} = \int_{-\infty}^{\infty} h(x) \cdot f(x) dx,$$

$$V(X) = E\left(X^2\right) - [E(X)]^2.$$

定义 2.1.24　若 X 服从参数为 λ $(\lambda > 0)$ 的**指数分布**, 则 X 的 pdf 为

$$f(x;\lambda) = \begin{cases} \lambda e^{-\lambda x}, & x \geqslant 0, \\ 0, & \text{其他}. \end{cases} \tag{2.1.5}$$

此时 X 的期望为

$$E(X) = \int_0^{\infty} x\lambda e^{-\lambda x} dx,$$

想要得到这个期望需要使用到分部积分.

X 的方差可以通过计算 $V(X) = E\left(X^2\right) - [E(X)]^2$ 得出, 而计算 $E\left(X^2\right)$ 需要连续两次分部积分. 这些结果整合如下:

$$\mu = \frac{1}{\lambda}, \quad \sigma^2 = \frac{1}{\lambda^2}.$$

指数分布的均值和标准差均等于 $1/\lambda$.

2.1.4.2　正态分布

正态分布在自然科学和社会科学中经常被用来表示分布未知的实值随机变量.

定义 2.1.25　如果 X 的 pdf 如下

$$f(x;\mu,\sigma) = \frac{1}{\sqrt{2\pi}\sigma} e^{-(x-\mu)^2/\left(2\sigma^2\right)}, \quad -\infty < x < \infty. \tag{2.1.6}$$

其中 $-\infty < \mu < \infty$ 和 $\sigma > 0$, 连续型随机变量 X 具有参数为 μ 和 σ (或 μ 和 σ^2) 的**正态分布**, 如图 2.4 所示.

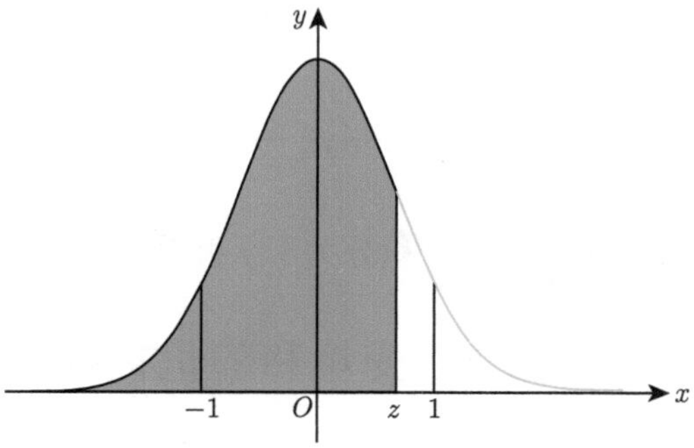

图 2.4 标准正态分布积分区域

当 X 是服从参数为 μ 和 σ 的正态分布的随机变量时, 计算 $P(a \leqslant X \leqslant b)$ 需要估计

$$\int_a^b \frac{1}{\sqrt{2\pi}\sigma} e^{-(x-\mu)^2/\left(2\sigma^2\right)} dx. \tag{2.1.7}$$

定义 2.1.26 参数值为 $\mu = 0$ 和 $\sigma = 1$ 的正态分布称为标准正态分布. 具有标准正态分布的随机变量称为**标准正态随机变量**, 用 Z 表示. Z 的 pdf 是

$$f(z;0,1) = \frac{1}{\sqrt{2\pi}} e^{-z^2/2}, \quad -\infty < z < \infty.$$

如图 2.4 所示, $f(z;0,1)$ 的图形称为标准正态 (或 z) 曲线. 其拐点在 $x = 1$ 和 $x = -1$. Z 的 cdf 为 $P(Z \leqslant z) = \int_{-\infty}^{z} f(y;0,1)dy$, 记为 $\varPhi(z)$.

一个正态分布随机变量 $X \sim N\left(\mu, \sigma^2\right)$ 可以转换成**标准正态分布随机变量** $(X-\mu)/\sigma$.

命题 2.1.27 如果 X 服从均值为 μ、标准差为 σ 的正态分布, 那么

$$Z = \frac{X-\mu}{\sigma}$$

服从标准正态分布. 从而

$$\begin{aligned} P(a \leqslant X \leqslant b) &= P\left(\frac{a-\mu}{\sigma} \leqslant Z \leqslant \frac{b-\mu}{\sigma}\right) \\ &= \varPhi\left(\frac{b-\mu}{\sigma}\right) - \varPhi\left(\frac{a-\mu}{\sigma}\right), \end{aligned}$$

$$P(X \leqslant a) = \varPhi\left(\frac{a-\mu}{\sigma}\right), \quad P(X \geqslant b) = 1 - \varPhi\left(\frac{b-\mu}{\sigma}\right).$$

证明这个命题需要将 $Z = (X - \mu)/\sigma$ 改写为

$$P(Z \leqslant z) = P(X \leqslant \sigma z + \mu) = \int_{-\infty}^{\sigma z+\mu} f(x;\mu,\sigma)dx.$$

利用微积分的结果, 可以对这个积分关于 z 微分, 来得到所需的 pdf $f(z;0,1)$.

2.2 独立变量和随机抽样

2.2.1 联合概率分布

在现实生活中, 人们经常会对几个相互关联的随机变量感兴趣. 联合概率是两个或多个事件同时发生的概率. 联合概率分布显示了两个 (或多个) 随机变量的概率分布.

2.2.1.1 两个离散型随机变量

单个离散型随机变量 X 的概率质量函数可以扩展到两个变量 X, Y, 用于描述每对可能值 (x, y) 的发生概率.

定义 2.2.1 假设 X 和 Y 是定义在试验样本空间 S 上的两个离散型随机变量. 对于每一对数 (x, y), **联合概率质量函数** $p(x, y)$ 的定义是

$$p(x,y) = P(X = x \text{ 且} Y = y),$$

其中 $p(x, y) \geqslant 0$ 且 $\sum_x \sum_y p(x, y) = 1$.

随机变量集合的一个子集的边际分布是该子集所含变量的概率分布, 而不涉及其他变量的值.

定义 2.2.2 X 的**边际概率质量函数**用 $p_X(x)$ 表示, 定义为

$$p_X(x) = \sum_{y:p(x,y)>0} p(x,y), \quad \text{对于每个可能值 } x.$$

类似地, Y 的**边际概率质量函数**是

$$p_Y(y) = \sum_{x:p(x,y)>0} p(x,y), \quad \text{对于每个可能值 } y.$$

2.2.1.2 两个连续型随机变量

联合连续型随机变量分布是联合离散分布的连续形式. 因此, 所有的概念思想都是等价的, 公式也是离散公式的连续形式. 一对连续变量 (X, Y) 落在二维集合 A (如矩形) 中的概率是通过积分联合密度函数得到的.

定义 2.2.3 假设 X 和 Y 是连续型随机变量. 这两个变量的联合概率密度函数 $f(x,y)$ 是满足 $f(x,y) \geqslant 0$ 和 $\int_{-\infty}^{\infty}\int_{-\infty}^{\infty} f(x,y)dxdy = 1$ 的函数. 那么对于任意二维集合 A,

$$P[(X,Y) \in A] = \iint_A f(x,y)dxdy.$$

特别地, 如果 A 是二维矩形 $\{(x,y) : a \leqslant x \leqslant b, c \leqslant y \leqslant d\}$, 那么

$$P[(X,Y) \in A] = P(a \leqslant X \leqslant b, c \leqslant Y \leqslant d) = \int_a^b \int_c^d f(x,y)dydx.$$

如果在三维坐标系中, $f(x,y)$ 是在点 (x,y) 上高度为 $f(x,y)$ 的曲面, 那么 $P[(X,Y) \in A]$ 就是曲面下方和 A 区域上方的体积, 类似于单一随机变量情况下的曲线下面积, 如图 2.5 所示. 连续型随机变量的边际概率密度函数可以类似地定义.

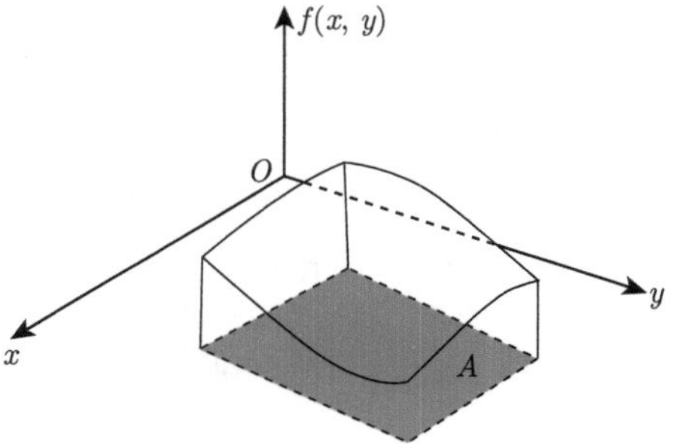

图 2.5 $P[(X,Y) \in A]$ 在曲面下方和 A 区域上方的体积

定义 2.2.4 X 和 Y 的**边际概率密度函数**分别用 $f_X(x)$ 和 $f_Y(y)$ 表示, 定义为

$$f_X(x) = \int_{-\infty}^{\infty} f(x,y)dy, \quad 当 -\infty < x < \infty;$$

$$f_Y(y) = \int_{-\infty}^{\infty} f(x,y)dx, \quad 当 -\infty < y < \infty.$$

2.2.1.3 独立随机变量

独立随机变量的概念与独立事件非常相似. 在许多情况下, 两个变量 X 和 Y 中的其中一个观测值的信息给出了关于另一个变量的值的信息. 独立随机变量描述了这样一种情况: 其中一个变量的发生不影响另一个变量发生的概率 (即不影

响可能性). 定义两个事件独立性的一种方法是通过 $P(A\cap B)=P(A)\cdot P(B)$ 这个条件. 下面是两个随机变量独立性的定义.

定义 2.2.5 两个随机变量 X 和 Y 都是**独立**的, 如果每一对 x 和 y 值都满足

$$p(x,y)=p_X(x)\cdot p_Y(y),\quad \text{当}X\text{ 和 }Y\text{ 是离散的},$$

或者

$$f(x,y)=f_X(x)\cdot f_Y(y),\quad \text{当}X\text{ 和 }Y\text{ 是连续的}.$$

如果不是所有 (x,y) 满足上述条件, 则称 X 和 Y 是**依赖关系**.

例 2.2.6 假设两个分量的生命周期相互独立, 第一个生命周期 X_1 具有参数为 λ_1 的指数分布, 而第二个生命周期 X_2 具有参数为 λ_2 的指数分布. 那么联合 pdf 为

$$\begin{aligned}
f\left(x_1,x_2\right)&=f_{X_1}\left(x_1\right)\cdot f_{X_2}\left(x_2\right)\\
&=\begin{cases}\lambda_1 e^{-\lambda_1 x_1}\cdot\lambda_2 e^{-\lambda_2 x_2}=\lambda_1\lambda_2 e^{-\lambda_1 x_1-\lambda_2 x_2}, & x_1>0,x_2>0,\\ 0, & \text{否则}.\end{cases}
\end{aligned}$$

设 $\lambda_1=1/1100$ 且 $\lambda_2=1/1300$, 这样预期寿命分别为 1100 小时和 1300 小时. 两个组件的寿命都至少为 1400 小时的概率是

$$\begin{aligned}
P\left(1400\leqslant X_1,1400\leqslant X_2\right)&=P\left(1400\leqslant X_1\right)\cdot P\left(1400\leqslant X_2\right)\\
&=e^{-\lambda_1(1400)}\cdot e^{-\lambda_2(1400)}\\
&=0.2478\times 0.257=0.0637.
\end{aligned}$$

我们可以把两个变量的联合分布的概念推广到两个以上的随机变量.

定义 2.2.7 如果 $X_1,X_2,\cdots,X_n$ 都是离散型随机变量, 则变量的联合 pmf 可以用如下函数表示

$$p\left(x_1,x_2,\cdots,x_n\right)=P\left(X_1=x_1,X_2=x_2,\cdots,X_n=x_n\right).$$

如果这些变量是连续的, 则 $X_1,\cdots,X_n$ 的联合 pdf 是在任意 n 个区间上的函数 $f\left(x_1,x_2,\cdots,x_n\right)$,

$$P\left(a_1\leqslant X_1\leqslant b_1,\cdots,a_n\leqslant X_n\leqslant b_n\right)=\int_{a_1}^{b_1}\cdots\int_{a_n}^{b_n} f\left(x_1,\cdots,x_n\right)dx_n\cdots dx_1.$$

定义 2.2.8　如果对于变量的每个子集 $X_{i_1}, X_{i_2}, \cdots, X_{i_k}$(每两个、每三个等), 子集的联合 pmf 或 pdf 等于边际 pmf 或 pdf 的乘积, 则称随机变量 $X_1, X_2, \cdots, X_n$ 是**独立的**.

2.2.2　相关性和依赖性

相关性可以表示一种在实践中利用的预测关系. 协方差是衡量两个随机变量的联合变异性的一种度量.

2.2.2.1　随机变量的相关性

若两个随机变量 X 和 Y 不是独立的, 则评估它们彼此之间的相关性有多强通常是有意义的.

定义 2.2.9　假设 X 和 Y 是联合分布随机变量, 其概率质量函数为 $p(x, y)$ 或概率密度函数为 $f(x, y)$, 具体取决于变量是离散还是连续的. 两个随机变量 X 和 Y 之间的**协方差**为

$$\begin{aligned}\operatorname{Cov}(X,Y) &= E\left[(X-\mu_X)(Y-\mu_Y)\right]\\ &= \begin{cases}\displaystyle\sum_x\sum_y (x-\mu_X)(y-\mu_Y)\,p(x,y), & X,Y \text{ 离散},\\ \displaystyle\int_{-\infty}^{\infty}\int_{-\infty}^{\infty}(x-\mu_X)(y-\mu_Y)\,f(x,y)dxdy, & X,Y \text{ 连续}.\end{cases}\end{aligned}$$

图 2.6 展示了协方差为正值、负值和接近 0 的三种情况. 由于 $X-\mu_X$ 和 $Y-\mu_Y$ 是两个变量对各自平均值的偏差, 因此协方差是偏差的期望乘积. 注意 $\operatorname{Cov}(X,X) = E\left[(X-\mu_X)^2\right] = V(X)$.

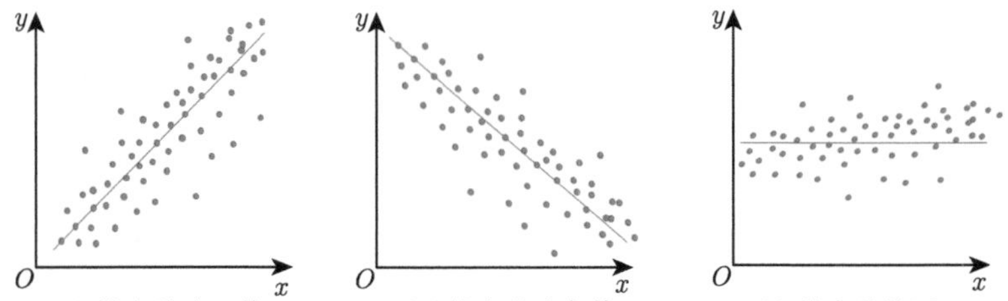

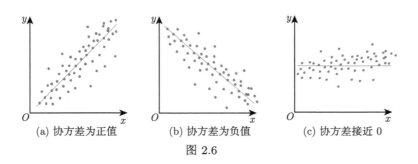

(a) 协方差为正值　(b) 协方差为负值　(c) 协方差接近 0

图 2.6

相关系数是两个变量的协方差除以其标准偏差的乘积, 是两个变量或数据集之间线性相关的度量.

定义 2.2.10　X 和 Y 的**相关系数**, 记为 $\rho_{X,Y}$ (ρ 或 Corr (X,Y)), 定义如下:

$$\rho_{X,Y} = \frac{\mathrm{Cov}(X,Y)}{\sigma_X \cdot \sigma_Y}.$$

命题 2.2.11　相关系数具有以下性质:

(1) 如果 X 和 Y 是独立的, 那么 $\rho = 0$, 但 $\rho = 0$ 并不意味着独立;

(2) $|\rho| \leqslant 1$, 对于实数 a 和 b, 如果 $Y = aX + b$ 且 $a \neq 0$, 则 $\rho = 1$ 或 -1.

2.2.2.2　样本相关性

当应用于样本时, 相关系数通常用 r_{xy} 表示, 也可称为样本相关系数或样本皮尔逊相关系数. 对于给定的 n 对数据 $\{(x_1, y_1), \cdots, (x_n, y_n)\}$, 我们可以将基于样本的协方差和方差估计值代入上述公式, 从而得到 r_{xy} 的计算公式

$$r_{xy} = \frac{\sum\limits_{i=1}^{n}(x_i - \bar{x})(y_i - \bar{y})}{\sqrt{\sum\limits_{i=1}^{n}(x_i - \bar{x})^2}\sqrt{\sum\limits_{i=1}^{n}(y_i - \bar{y})^2}},$$

其中, $\bar{x} = \frac{1}{n}\sum_{i=1}^{n} x_i$ 是样本均值, $\bar{y}$ 类似地定义.

图 2.7 显示了几组数据中 x 和 y 的相关系数. 注意到, 相关系数反映的是线性关系的强度和方向.

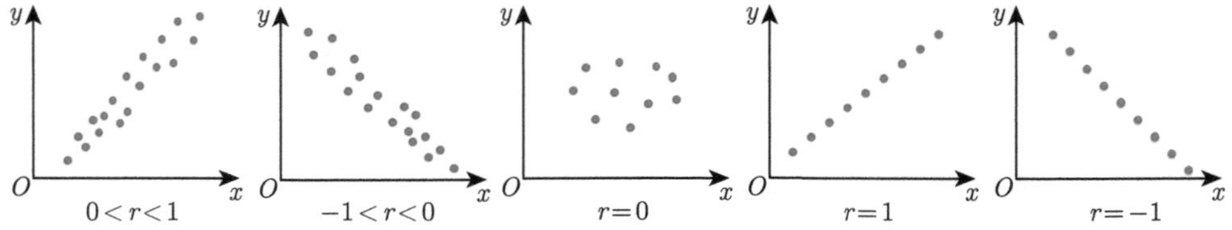

图 2.7　相关系数

下面的结果很容易验证.

命题 2.2.12　样本的相关系数具有以下性质:

(1) $r_{xy} = s_{xy}/s_x s_y$, 其中 s_{xy} 是样本协方差

$$s_{xy} = \frac{1}{n-1}\sum_{i=1}^{n}(x_i - \bar{x})(y_i - \bar{y}),$$

s_x 是样本标准差

$$s_x = \sqrt{\frac{1}{n-1}\sum_{i=1}^{n}(x_i - \bar{x})^2};$$

(2) 如果 $y = ax + b$, 那么 $r_{xy} = 1$ 或 -1, 具体取决于 a 是正数还是负数.

第二部分的证明由观察可知: 因为 $\overline{ax} = a\bar{x}$, 所以 $s_{(ax)y} = as_{xy}$ 且 $s_{(x+a)y} = s_{xy}$; 如果 $y = x + a$, 则 $s_x = s_y$; 如果 $y = ax$, 则 $s_y = |a|s_x$; 且有 $s_{xx} = s_x^2$. 若 $y = ax + b$, 如果 a 为正, 则 $r_{xy} = 1$; 如果 a 为负, 则 $r_{xy} = -1$.

2.2.3 随机抽样

2.2.3.1 随机抽样的均值和方差

简单随机抽样是从总体中随机选择的子集, 在实践中经常使用.

定义 2.2.13 在以下情况下, 随机变量 $X_1, X_2, \cdots, X_n$ 称为大小为 n 的 (简单) **随机抽样**:

(1) X_i 都是独立的随机变量;

(2) 每个 X_i 具有相同的概率分布.

这里可以利用样本均值 $\bar{X} = \frac{1}{n}(X_1 + \cdots + X_n)$ 得出关于总体均值 μ 的结论. 一些最常用的推理过程是基于 $\bar{X}$ 的抽样分布的性质得到的. 我们回顾一下 $E(\bar{X})$ 和 μ 之间的关系, 以及 $V(\bar{X})$, σ^2 和 n 之间的关系.

命题 2.2.14 设 $X_1, X_2, \cdots, X_n$ 是一个分布的随机样本, 其均值为 μ, 标准差为 σ, 则

(1) $E(\bar{X}) = \mu_{\bar{X}} = \mu$.

(2) $V(\bar{X}) = \sigma_{\bar{X}}^2 = \sigma^2/n$ 且 $\sigma_{\bar{X}} = \sigma/\sqrt{n}$. 此外, $T_o = X_1 + \cdots + X_n$ 是样本总数, $E(T_o) = n\mu$, $V(T_o) = n\sigma^2$, 以及 $\sigma_{T_o} = \sqrt{n}\sigma$.

2.2.3.2 中心极限定理

中心极限定理表明, 即使原始变量本身不服从正态分布, 独立随机变量的适当归一化和也趋于正态分布. 该定理表明适用于正态分布的概率和统计方法可以适用于服从其他分布的随机变量. 这个结果的形式化表述是概率论中最重要的定理.

定理 2.2.15 (中心极限定理) 假设 $X_1, X_2, \cdots, X_n$ 是来自均值为 μ、方差为 σ^2 的分布的随机样本, 那么如果 n 足够大, $\bar{X}$ 服从均值为 $\mu_{\bar{X}} = \mu$、方差为 $\sigma_{\bar{X}}^2 = \sigma^2/n$ 的正态分布, T_o 也近似服从均值为 $\mu_{T_o} = n\mu$、方差为 $\sigma_{T_o}^2 = n\sigma^2$ 的正态分布. n 的值越大, 近似性越好.

2.3 最大似然估计

2.3.1 随机抽样的最大似然估计

最大似然估计是一种通过最大化似然函数来估计概率分布参数的有效方法. 参数空间中使似然函数最大化的点称为最大似然估计值 (maximum likelihood estimation, MLE). 最大似然法的思想既直观又灵活. 因此, 该方法已成为统计推断的主要手段.

定义 2.3.1 设 $X_1, X_2, \cdots, X_n$ 有联合 pmf 或 pdf

$$f\left(x_1, x_2, \cdots, x_n; \theta_1, \cdots, \theta_m\right), \tag{2.3.1}$$

其中参数 $\theta_1, \cdots, \theta_m$ 为未知值. 当 $x_1, \cdots, x_n$ 是观测到的样本值, (2.3.1) 是 $\theta_1, \cdots, \theta_m$ 的函数时, 称 (2.3.1) 为**似然函数**. 最大似然估计值 $\hat{\theta}_1, \cdots, \hat{\theta}_m$ 是使似然函数取到最大值的那些 θ_i 值, 因此

$$f\left(x_1, \cdots, x_n; \hat{\theta}_1, \cdots, \hat{\theta}_m\right) \geqslant f\left(x_1, \cdots, x_n; \theta_1, \cdots, \theta_m\right), \quad \text{对于所有 } \theta_1, \cdots, \theta_m.$$

当用 X_i 代替 x_i 时, 就会得到**最大似然估计量**.

例 2.3.2 假设 $X_1, \cdots, X_n$ 是正态分布的随机样本. 似然函数为

$$\begin{aligned} f\left(x_1, \cdots, x_n; \mu, \sigma^2\right) &= \frac{1}{\sqrt{2\pi\sigma^2}} e^{-\left(x_1-\mu\right)^2/\left(2\sigma^2\right)} \cdots \frac{1}{\sqrt{2\pi\sigma^2}} e^{-\left(x_n-\mu\right)^2/2\sigma^2} \\ &= \left(\frac{1}{2\pi\sigma^2}\right)^{n/2} e^{-\sum\limits_{i=1}^{n}\left(x_i-\mu\right)^2/2\sigma^2}. \end{aligned}$$

因此,

$$\ln\left[f\left(x_1, \cdots, x_n; \mu, \sigma^2\right)\right] = -\frac{n}{2} \ln\left(2\pi\sigma^2\right) - \frac{1}{2\sigma^2} \sum_{i=1}^{n}\left(x_i-\mu\right)^2.$$

为了找到 μ 和 σ^2 的最大值, 必须求出 $\ln(f)$ 相对于 μ 和 σ^2 的偏导数, 将它们等于零, 然后求解得到的两个方程.

首先, 对 μ 求导, 得到

$$\frac{\partial \ln\left[f\left(x_1, \cdots, x_n; \mu, \sigma^2\right)\right]}{\partial \mu} = \frac{1}{\sigma^2} \sum_{i=1}^{n}\left(x_i-\mu\right).$$

令偏导数等于零解得 μ, 得到如下结果:

$$\hat{\mu} = \frac{1}{n} \sum_{i=1}^{n} x_i.$$

同样地, 对 σ^2 求导,

$$\frac{\partial \ln\left[f\left(x_1,\cdots,x_n;\mu,\sigma^2\right)\right]}{\partial \sigma^2}=-\frac{n}{2\sigma^2}+\frac{1}{2\sigma^4}\sum_{i=1}^{n}\left(x_i-\mu\right)^2$$

且

$$\sigma^2=\frac{\sum\limits_{i=1}^{n}\left(x_i-\mu\right)^2}{n}.$$

因此, 最终的结果是

$$\hat{\mu}=\bar{X},\quad \hat{\sigma}^2=\frac{\sum\limits_{i=1}^{n}\left(X_i-\bar{X}\right)^2}{n}.$$

2.3.2 最小二乘问题的概率表示

给定输入数据点 $\{(\boldsymbol{x}_i,y_i)\}_{i=1}^{n}$, 寻求一个仿射函数来拟合数据和每个 $\boldsymbol{x}_i=(x_{i1},\cdots,x_{ip})$. 常用的方法包括找到最小化如下准则的系数 $\beta_j, j=1,\cdots,p$,

$$\sum_{i=1}^{n}\left(y_i-\hat{y}_i\right)^2,$$

其中,

$$\hat{y}_i=\beta_0+\beta_1 x_{i1}+\cdots+\beta_p x_{ip}.$$

现在, 想要通过最大似然估计法, 从概率的角度对其进行讨论. 假设有 n 个点, 每个点都是从正态分布中以独立同分布 (i.i.d.) 的方式抽取的. 对于给定的 μ,σ^2, 这 n 个点被抽取的概率定义了似然函数, 它只是 n 个正态概率密度函数 (pdf) 的乘积 (因为它们是独立的):

$$\mathcal{P}(\mu\mid y)=\prod_{i=1}^{n}P_Y\left(y_i\mid\mu,\sigma^2\right)=\prod_{i=1}^{n}\frac{1}{\sigma\sqrt{2\pi}}e^{-(y_i-\mu)^2/2\sigma^2},\tag{2.3.2}$$

其中 y 是一个随机变量,

$$y_i=\hat{y}_i+\varepsilon,$$

其中, $\varepsilon\sim N\left(0,\sigma^2\right)$. 因此, y_i 服从一个正态分布, 其均值是关于 $\boldsymbol{x}$ 的线性函数, 标准差固定不变:

$$y_i\sim N\left(\hat{y}_i,\sigma^2\right).\tag{2.3.3}$$

因此, 对于每个 y_i, 在 (2.3.2) 中的正态分布中选择 μ 作为

$$\mu_i = \hat{y}_i.$$

因此, 推导出最大似然估计

$$\begin{aligned}
\hat{\beta} = \arg\max \mathcal{P}(\beta \mid y) &= \arg\max_{\beta} \prod_{i=1}^{n} \frac{1}{\sigma\sqrt{2\pi}} e^{-(y_i-\hat{y}_i)^2/2\sigma^2} \\
&= \arg\max_{\beta} \ln\left(\prod_{i=1}^{n} \frac{1}{\sigma\sqrt{2\pi}} e^{-(y_i-\hat{y}_i)^2/2\sigma^2}\right) \\
&= \arg\max_{\beta} \sum_{i=1}^{n} \ln\left(\frac{1}{\sigma\sqrt{2\pi}}\right) + \ln\left(e^{-(y_i-\hat{y}_i)^2/2\sigma^2}\right) \\
&= \arg\max_{\beta} \sum_{i=1}^{n} \ln\left(e^{-(y_i-\hat{y}_i)^2/2\sigma^2}\right) \\
&= \arg\max_{\beta} \sum_{i=1}^{n} -\frac{(y_i-\hat{y}_i)^2}{2\sigma^2} \\
&= \arg\min_{\beta} \sum_{i=1}^{n} (y_i-\hat{y}_i)^2, \qquad (2.3.4)
\end{aligned}$$

这就是之前讨论过的最小二乘问题.

2.4 习　　题

1. 设某事件 A 在一次试验中发生的概率为 p, 将试验独立地重复 n 次. 证明: "A 发生偶数次" 的概率为 $p_n = \frac{1}{2}[1+(1-2p)^n]$. (注意: 0 为偶数.)

2. 设 X_1, X_2 独立, 分别有概率密度函数 $f(x_1)$ 和 $g(x_2)$, 试求 $Y = X_1X_2$ 的密度函数, 并证明:

$$E(Y) = E(X_1)E(X_2).$$

第 3 章　微积分与优化

许多优化问题都依赖微积分中的导数概念. 本章介绍微积分的基本概念, 包括极限、导数、凸性和梯度下降, 并进一步扩展到包括逻辑回归、k 均值、支持向量机和神经网络. 进一步的演算和优化及其应用可以在许多参考文献中找到, 如文献 [3,7—9].

3.1　连续性和导数

3.1.1　极限与连续性

极限用于定义连续性、导数和积分, 在微积分和数学分析中必不可少. 在本章中, 用欧几里得范数 $\|\boldsymbol{x}\| = \sqrt{\sum_{i=1}^{d} x_i^2}$ 来表示 $\boldsymbol{x} = (x_1, \cdots, x_d)^{\mathrm{T}} \in \mathbb{R}^d$. 包含 $\boldsymbol{x} \in \mathbb{R}^d$ 的开的 r-球是与 $\boldsymbol{x}$ 的欧几里得距离小于 r 点的集合, 即

$$B_r(\boldsymbol{x}) = \{\boldsymbol{y} \in \mathbb{R}^d : \|\boldsymbol{y} - \boldsymbol{x}\| < r\}.$$

点 $\boldsymbol{x} \in \mathbb{R}^d$ 是集合 $A \subseteq \mathbb{R}^d$ 的极限点 (或聚点), 如果围绕 $\boldsymbol{x}$ 的每个开球都包含集合 A 中的一个元素 $\boldsymbol{a}$, 如图 3.1 所示, $\boldsymbol{a} \neq \boldsymbol{x}$. 如果 A 的每个极限点都属于 A, 则 A 是闭集. 如果对于所有的 $\boldsymbol{x} \in A$ 都存在 $B_r(\boldsymbol{x}) \subseteq A$, 如图 3.2 所示 A 是开集. 如果存在一个 $r > 0$ 使得 $A \subseteq B_r(\mathbf{0})$, 其中 $\mathbf{0} = (0, \cdots, 0)^{\mathrm{T}}$, 则集合 $A \subseteq \mathbb{R}^d$ 有界.

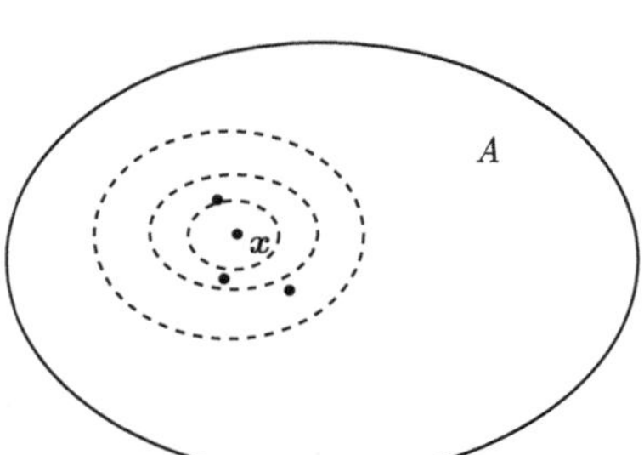

图 3.1　聚点

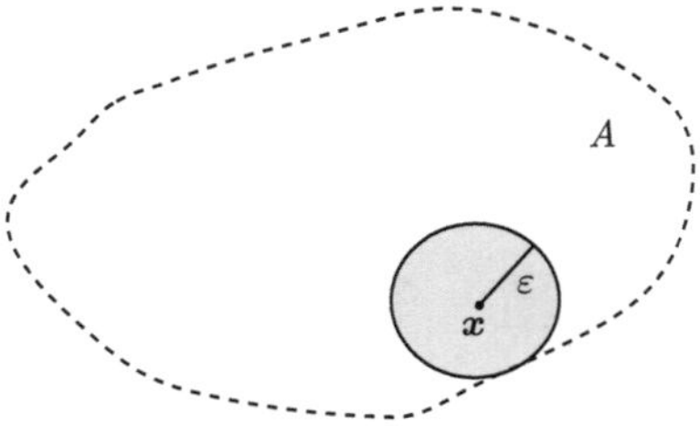

图 3.2　开集

定义 3.1.1 (函数的极限)　$f: D \to \mathbb{R}$ 是 $D \subseteq \mathbb{R}^d$ 上的实值函数. 若当 $\boldsymbol{x}$ 趋于 $\boldsymbol{a}$ 时, 函数 f 有一个极限 $L \in \mathbb{R}$: 对任意 $\varepsilon > 0$, 存在 $\delta > 0$, 使得对任意 $\boldsymbol{x} \in D \cap B_\delta(\boldsymbol{a}) \setminus \{\boldsymbol{a}\}$ 都有 $|f(\boldsymbol{x}) - L| < \varepsilon$, 即

$$\lim_{\boldsymbol{x} \to \boldsymbol{a}} f(\boldsymbol{x}) = L.$$

连续函数是一种特殊函数, 它的值没有任何突变即不连续. 函数连续性的定义可以在图 3.3 中看到. 注意, 这里排除了 $\boldsymbol{a}$ 本身必须满足 $|f(\boldsymbol{x}) - L| < \varepsilon$ 这一条件. 特别是, 可能有 $f(\boldsymbol{a}) \neq L$, 也不限制 $\boldsymbol{a}$ 是否在 D 内.

定义 3.1.2 (连续函数)　$f: D \to \mathbb{R}$ 是 $D \subseteq \mathbb{R}^D$ 上的实值函数. 称 f 在 $\boldsymbol{a} \in D$ 上连续, 如果

$$\lim_{\boldsymbol{x} \to \boldsymbol{a}} f(\boldsymbol{x}) = f(\boldsymbol{a}).$$

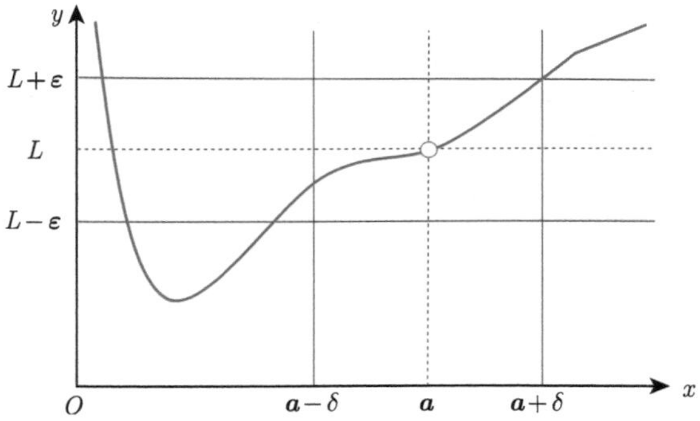

图 3.3　连续函数

图 3.3 是一个连续函数的例子. 函数通常是由更简单的函数复合而成的. 这里使用标准符号 $h = g \circ f$ 表示函数 $h(\boldsymbol{x}) = g(f(\boldsymbol{x}))$, 如图 3.4 所示.

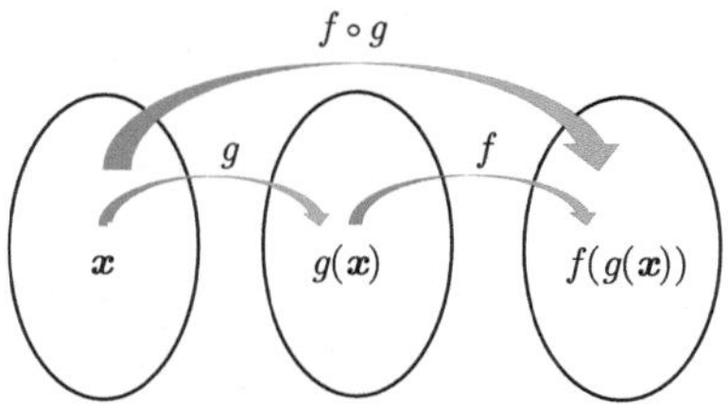

图 3.4 复合函数

引理 3.1.3 (连续函数的复合) $f: D_1 \to \mathbb{R}^m$, $g: D_2 \to \mathbb{R}^p$, 其中 $D_1 \subseteq \mathbb{R}^d$, $D_2 \subseteq \mathbb{R}^m$. 假设 f 在 $\boldsymbol{x}_0$ 处连续, g 在 $f(\boldsymbol{x}_0)$ 上连续, 则 $g \circ f$ 在 $\boldsymbol{x}_0$ 处连续.

定义 3.1.4 (最值) 假设在集合 $D \subseteq \mathbb{R}^d$ 上定义 $f: D \to \mathbb{R}$. 如果 $f(\boldsymbol{z}^*) = M$, 并且对于任意 $\boldsymbol{x} \in D$ 有 $M \geqslant f(\boldsymbol{x})$, 则 f 在 $\boldsymbol{z}^*$ 处得到最大值 M. 类似地, 如果 $f(\boldsymbol{z}_*) = m$, 并且对于任意 $\boldsymbol{x} \in D$ 有 $m \leqslant f(\boldsymbol{x})$, 则 f 在 $\boldsymbol{z}_*$ 处得到最小值 m.

定理 3.1.5 (最值) $f: D \to \mathbb{R}$ 是一个实值的连续函数, 作用在一个非空的有界闭集合 $D \subseteq \mathbb{R}^D$ 上, 那么 f 在 D 上有最大值和最小值.

3.1.2 导数

3.1.2.1 单变量情况

本章先回顾单变量的情况.

定义 3.1.6 (导数) 设 $f: D \to \mathbb{R}$, $D \subseteq \mathbb{R}$, 且 $x_0 \in D$ 是 D 的内点. 若 f 极限存在, 则 f 在 x_0 处的导数是

$$f'(x_0) = \frac{\mathrm{d}f(x_0)}{\mathrm{d}x} = \lim_{h \to 0} \frac{f(x_0 + h) - f(x_0)}{h}.$$

函数导数的定义在图 3.5 中加以说明. 下面的命题表明求导运算是一个线性算子.

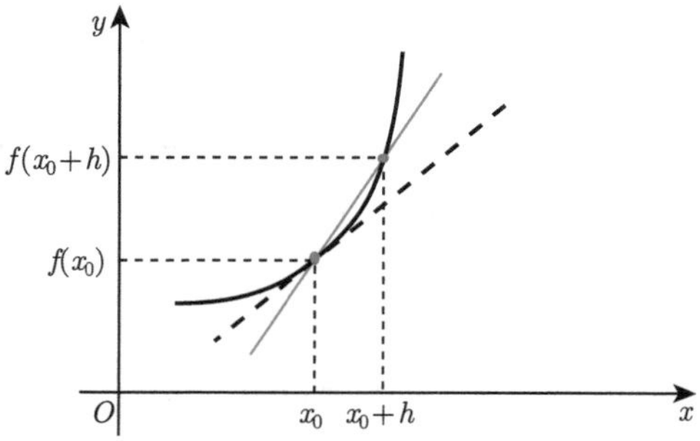

图 3.5 导数

命题 3.1.7 f 和 g 在 x 点存在导数且 α 和 β 为常数. 以下结果成立:

$$[\alpha f(x)+\beta g(x)]'=\alpha f'(x)+\beta g'(x).$$

下面的引理提供了关于 f 在点 x_0 处导数的关键见解, 可以利用它来找极值.

引理 3.1.8 $f:D\to\mathbb{R}$ 且 $D\subseteq\mathbb{R}$, 设 $x_0\in D$ 是 D 的内点, 并且 $f'(x_0)$ 存在. 若 $f'(x_0)>0$, 则在 x_0 附近存在一个开球 $B_\delta(x_0)\subseteq D$, 使得对于 $B_\delta(x_0)$ 中的每个 x, 都有

(1) 如果 $x>x_0$, 则 $f(x)>f(x_0)$;

(2) 如果 $x<x_0$, 则 $f(x)<f(x_0)$.

若 $f'(x_0)<0$, 反之亦然.

证明 以 $\varepsilon=f'(x_0)/2$ 为例. 根据导数的定义, 存在 $\delta>0$ 使得对于所有 $0<h<\delta$,

$$f'(x_0)-\frac{f(x_0+h)-f(x_0)}{h}<\varepsilon.$$

通过选择 ε, 重新排列上式可得到

$$f(x_0+h)>f(x_0)+[f'(x_0)-\varepsilon]h>f(x_0).$$

另一个方向是相似的.

引理 3.1.8 的一个直接含义是中值定理, 这将在稍后引出泰勒定理. 首先证明一个重要的特例: 罗尔定理, 见图 3.6.

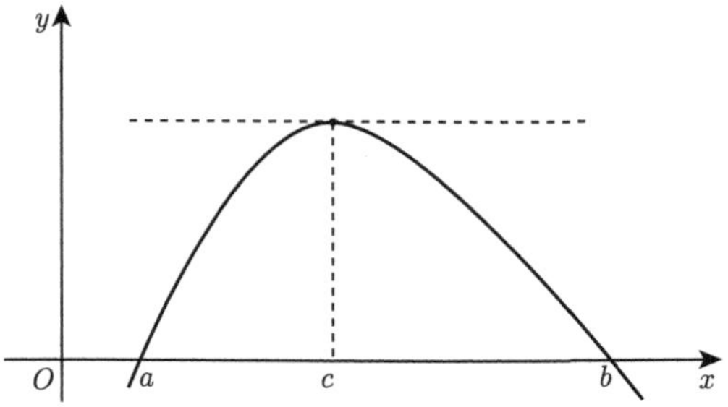

图 3.6 罗尔定理

定理 3.1.9 (罗尔定理) $f:[a,b]\to\mathbb{R}$ 是一个连续函数, 并在 (a,b) 上存在导数. 若 $f(a)=f(b)$, 则存在 $a<c<b$ 使得 $f'(c)=0$.

证明 如果对于所有 $x\in(a,b)$ 有 $f(x)=f(a)$, 那么 $f'(x)=0$, 证明结束. 假设有 $y\in(a,b)$ 使得 $f(y)\neq f(a)$. 不失一般性, 假设 $f(y)>f(a)$(否则考虑函

数 $-f$). 根据极值定理, f 在某 $c \in [a,b]$ 处达到最大值. 由假设可知, a 和 b 不可能是最大值的位置, 它一定是 $c \in (a,b)$.

反证法. 假设 $f'(c) > 0$. 通过引理 3.1.8, 存在一个 $\delta > 0$ 使得对于任意的 $x \in B_\delta(c)$ 都有 $f(x) > f(c)$, 矛盾. 类似的论点也适用于 $f'(c) < 0$.

定理 3.1.10 (中值定理) *$f : [a,b] \to \mathbb{R}$ 是一个连续函数, 假设它在 (a,b) 内存在导数, 则存在 $a < c < b$, 使得*

$$f(b) = f(a) + (b-a)f'(c),$$

或者

$$\frac{f(b)-f(a)}{b-a} = f'(c).$$

证明 中值定理示意图如图 3.7 所示. 令

$$\phi(x) = f(x) - f(a) - [(f(b)-f(a))/(b-a)](x-a).$$

则有 $\phi(a) = \phi(b) = 0$, 且对任意 $x \in (a,b)$ 有 $\phi'(x) = f'(x) - (f(b)-f(a))/(b-a)$. 因此, 由罗尔定理可得, 存在一个 $c \in (a,b)$ 满足 $\phi'(c) = 0$. 这意味着 $(f(b)-f(a))/(b-a) = f'(c)$, 然后代入 $\phi(b)$ 即可得到结果.

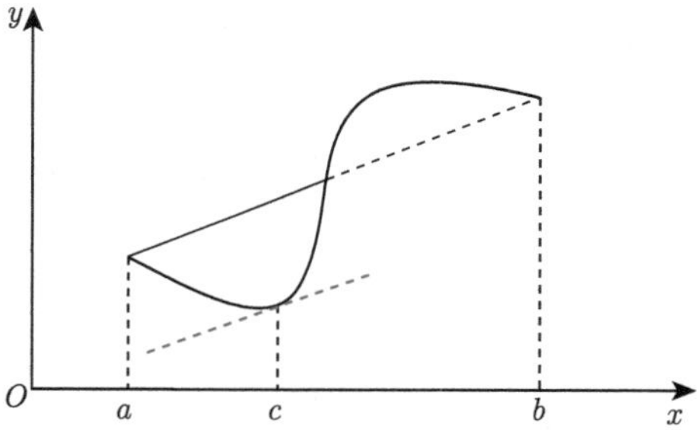

图 3.7 中值定理

由此还可以用类似的方式定义高阶导数. 注意, 如果 f' 存在于 D 中, 那么它本身就是 x 的函数. 然后在 D 的一个内点 x_0 处的二阶导数是

$$f''(x_0) = \frac{d^2 f(x_0)}{dx^2} = \lim_{h \to 0} \frac{f'(x_0+h) - f'(x_0)}{h},$$

前提是极限存在.

3.1.2.2 一般情况

数据科学中的许多函数涉及几个独立变量. 对于多变量函数, 有如下的推广. 和前面一样, 假设 $\boldsymbol{e}_i \in \mathbb{R}^d$ 为第 i 个标准基.

定义 3.1.11 (偏导数)　设 $f: D \to \mathbb{R}$, 其中 $D \subseteq \mathbb{R}^d$, 并 $\boldsymbol{x}_0 \in D$ 中是 D 的内点. f 在 $\boldsymbol{x}_0$ 处对 x_i 的偏导数是

$$\frac{\partial f(\boldsymbol{x}_0)}{\partial x_i} = \lim_{h \to 0} \frac{f(\boldsymbol{x}_0 + h\boldsymbol{e}_i) - f(\boldsymbol{x}_0)}{h},$$

前提是极限存在. 若 $\partial f(\boldsymbol{x}_0)/\partial x_i$ 存在且对任意 i, 在包含 $\boldsymbol{x}_0$ 的开球中连续, 则 f 在 $\boldsymbol{x}_0$ 处连续可微.

定义 3.1.12 (雅可比矩阵)　$f = (f_1, \cdots, f_m): D \to \mathbb{R}^m$, 其中 $D \subseteq \mathbb{R}^d$, 且 $\boldsymbol{x}_0 \in D$ 为 D 的内点, 其中对任意 i, j 都存在 $\partial f_j(\boldsymbol{x}_0)/\partial x_i$. f 在 $\boldsymbol{x}_0$ 处的雅可比矩阵是 $d \times m$ 的矩阵

$$\boldsymbol{J}_f(\boldsymbol{x}_0) = \begin{pmatrix} \partial f_1(\boldsymbol{x}_0)/\partial x_1 & \cdots & \partial f_1(\boldsymbol{x}_0)/\partial x_d \\ \vdots & \ddots & \vdots \\ \partial f_m(\boldsymbol{x}_0)/\partial x_1 & \cdots & \partial f_m(\boldsymbol{x}_0)/\partial x_d \end{pmatrix}.$$

对于一个实值函数 $f: D \to \mathbb{R}$, 雅可比矩阵简化为行向量

$$\boldsymbol{J}_f(\boldsymbol{x}_0) = \nabla f(\boldsymbol{x}_0)^{\mathrm{T}},$$

其中向量

$$\nabla f(\boldsymbol{x}_0) = (\partial f(\boldsymbol{x}_0)/\partial x_1, \cdots, \partial f(\boldsymbol{x}_0)/\partial x_d)^{\mathrm{T}}$$

是 f 在 $\boldsymbol{x}_0$ 处的梯度.

例 3.1.13　考虑仿射函数

$$f(\boldsymbol{x}) = \boldsymbol{q}^{\mathrm{T}}\boldsymbol{x} + r,$$

其中 $\boldsymbol{x} = (x_1, \cdots, x_d)^{\mathrm{T}}$, $\boldsymbol{q} = (q_1, \cdots, q_d)^{\mathrm{T}} \in \mathbb{R}^d$. 线性项的偏导数用

$$\frac{\partial}{\partial x_i}(\boldsymbol{q}^{\mathrm{T}}\boldsymbol{x}) = \frac{\partial}{\partial x_i}\left(\sum_{j=1}^{d} q_j x_j\right) = q_i$$

表示. 故 f 的梯度是

$$\nabla f(\boldsymbol{x}) = \boldsymbol{q}.$$

例 3.1.14　考虑二次函数

$$f(\boldsymbol{x}) = \boldsymbol{x}^{\mathrm{T}}\boldsymbol{P}\boldsymbol{x} + \boldsymbol{q}^{\mathrm{T}}\boldsymbol{x} + r,$$

其中 $\boldsymbol{x}=(x_1,\cdots,x_d)^{\mathrm{T}}$, $\boldsymbol{q}=(q_1,\cdots,q_d)^{\mathrm{T}}\in\mathbb{R}^d$ 且 $\boldsymbol{P}\in\mathbb{R}^{d\times d}$. 二次项的偏导数由

$$\begin{aligned}\frac{\partial}{\partial x_i}(\boldsymbol{x}^{\mathrm{T}}\boldsymbol{P}\boldsymbol{x})&=\frac{\partial}{\partial x_i}\left(\sum_{j,k=1}^{d}P_{jk}x_jx_k\right)\\&=\frac{\partial}{\partial x_i}\left(P_{ii}x_i^2+\sum_{j=1,j\neq i}^{d}P_{ji}x_jx_i+\sum_{k=1,k\neq i}^{d}P_{ik}x_ix_k\right)\\&=2P_{ii}x_i+\sum_{j=1,j\neq i}^{d}P_{ji}x_j+\sum_{k=1,k\neq i}^{d}P_{ik}x_k\\&=\sum_{j=1}^{d}(\boldsymbol{P}^{\mathrm{T}})_{ij}x_j+\sum_{k=1}^{d}(\boldsymbol{P})_{ik}x_k\end{aligned}$$

得出. 故 f 的梯度是

$$\nabla f(\boldsymbol{x})=(\boldsymbol{P}^{\mathrm{T}}+\boldsymbol{P})\,\boldsymbol{x}+\boldsymbol{q}.$$

在微积分中, 链式法则是用两个或多个可微函数各自的导数来表示其复合函数的导数的公式. 链式法则为复合矩阵的雅可比矩阵提供了一个方便的公式. 使用向量符号 $h=g\circ f$ 来表示函数 $h(\boldsymbol{x})=g(f(\boldsymbol{x}))$.

定理 3.1.15 (链式法则) $f:D_1\to\mathbb{R}^m$, $g:D_2\to\mathbb{R}^p$, 其中 $D_1\subseteq\mathbb{R}^d$, $D_2\subseteq\mathbb{R}^m$. 假设 f 在 D_1 的内点 $\boldsymbol{x}_0$ 处连续可微, g 在 D_2 的内点 $f(\boldsymbol{x}_0)$ 处连续可微. 那么

$$\boldsymbol{J}_{g\circ f}(\boldsymbol{x}_0)=\boldsymbol{J}_g(\boldsymbol{f}(\boldsymbol{x}_0))\,\boldsymbol{J}_f(\boldsymbol{x}_0)$$

是矩阵的乘积.

证明 从一个特例开始. 设 f 是 $\boldsymbol{x}=(x_1,\cdots,x_m)$ 的实值函数, 其分量本身是 $t\in\mathbb{R}$ 的函数. 假设 f 在 $\boldsymbol{x}(t)$ 连续可微. 为了计算导数 $df(t)/dt$, 令 $\Delta x_k=x_k(t+\Delta t)-x_k(t)x_k=x_k(t)$, 以及

$$\Delta f=f(x_1+\Delta x_1,\cdots,x_m+\Delta x_m)-f(x_1,\cdots,x_m).$$

计算极限 $\lim_{\Delta t\to 0}\Delta f/\Delta t$. 将 Δf 裂项求和, 其中每个项都涉及单个变量 x_k 的变化. 也就是说, 极限与 f 的偏导数联系起来,

$$\begin{aligned}\Delta f=&\,[f(x_1+\Delta x_1,\cdots,x_m+\Delta x_m)-f(x_1,x_2+\Delta x_2,\cdots,x_m+\Delta x_m)]\\&+[f(x_1,x_2+\Delta x_2,\cdots,x_m+\Delta x_m)-f(x_1,x_2,x_3+\Delta x_3,\cdots,x_m+\Delta x_m)]\\&+\cdots+[f(x_1,\cdots,x_{m-1},x_m+\Delta x_m)-f(x_1,\cdots,x_m)].\end{aligned}$$

将中值定理应用于每一项得到

$$\Delta f = \Delta x_1 \frac{\partial f(x_1 + \theta_1 \Delta x_1, x_2 + \Delta x_2, \cdots, x_m + \Delta x_m)}{\partial x_1} + \Delta x_2 \frac{\partial f(x_1, x_2 + \theta_2 \Delta x_2, x_3 + \Delta x_3, \cdots, x_m + \Delta x_m)}{\partial x_2} + \cdots + \Delta x_m \frac{\partial f(x_1, \cdots, x_{m-1}, x_m + \theta_m \Delta x_m)}{\partial x_m},$$

其中 $0 < \theta_k < 1$, 这里 $k = 1, \cdots, m$. 除以 Δt, 取 $\Delta t \to 0$ 的极限, 利用 f 是连续可微的事实, 得到

$$\frac{df(t)}{dt} = \sum_{k=1}^{m} \frac{\partial f(\boldsymbol{x}(t))}{\partial x_k} \frac{dx_k(t)}{dt}.$$

回到一般情况, 同样的论证表明

$$\frac{\partial h_i(\boldsymbol{x}_0)}{\partial x_j} = \sum_{k=1}^{m} \frac{\partial g_i(\boldsymbol{f}(\boldsymbol{x}_0))}{\partial f_k} \frac{\partial f_k(\boldsymbol{x}_0)}{\partial x_j},$$

其中 $\partial g/\partial f_k$ 表示 g 对其 k 个分量的偏导数. 在矩阵形式下, 证明完毕.

3.1.2.3　其他导数

多元可微 (标量) 函数沿给定向量的方向导数直观地测量了函数沿方向的变化率.

定义 3.1.16 (方向导数)　设 $f : D \to \mathbb{R}$, 其中 $D \subseteq \mathbb{R}^d$, $\boldsymbol{x}_0$ 是 D 中的一个内点, $\boldsymbol{v}$ 是 $\mathbb{R}^d$ 中的一个单位向量. f 在 $\boldsymbol{x}_0$ 处沿 $\boldsymbol{v}$ 方向上的方向导数是

$$\frac{\partial f(\boldsymbol{x}_0)}{\partial \boldsymbol{v}} = \lim_{h \to 0} \frac{f(\boldsymbol{x}_0 + h\boldsymbol{v}) - f(\boldsymbol{x}_0)}{h},$$

前提是极限存在.

注意, 取 $\boldsymbol{v} = \boldsymbol{e}_i$ 可以得到第 i 个方向的偏导数

$$\frac{\partial f(\boldsymbol{x}_0)}{\partial \boldsymbol{e}_i} = \lim_{h \to 0} \frac{f(\boldsymbol{x}_0 + h\boldsymbol{e}_i) - f(\boldsymbol{x}_0)}{h} = \frac{\partial f(\boldsymbol{x}_0)}{\partial x_i}.$$

相反, 一般的方向导数可以用偏导数来表示.

定理 3.1.17 (梯度方向导数)　设 $f : D \to \mathbb{R}$, 其中 $D \subseteq \mathbb{R}^d$, $\boldsymbol{x}_0$ 是 D 中的一个内点, $\boldsymbol{v}$ 是 $\mathbb{R}^d$ 中的一个单位向量. 假设 f 在 $\boldsymbol{x}_0$ 处连续可微, 则 f 在 $\boldsymbol{x}_0$ 处沿 $\boldsymbol{v}$ 方向的方向导数由下式给出:

$$\frac{\partial f(\boldsymbol{x}_0)}{\partial \boldsymbol{v}} = \boldsymbol{J}_f(\boldsymbol{x}_0)\, \boldsymbol{v} = \nabla f(\boldsymbol{x}_0)^{\mathrm{T}} \boldsymbol{v}.$$

证明 考虑复合函数 $\boldsymbol{\beta}(h)=f(\boldsymbol{\alpha}(h))$, 其中 $\boldsymbol{\alpha}(h)=\boldsymbol{x}_0+h\boldsymbol{v}$. 易得 $\boldsymbol{\alpha}(0)=\boldsymbol{x}_0$ 和 $\boldsymbol{\beta}(0)=f(\boldsymbol{x}_0)$. 然后, 根据导数的定义,

$$\frac{d\boldsymbol{\beta}(0)}{dh}=\lim_{h\to 0}\frac{\boldsymbol{\beta}(h)-\boldsymbol{\beta}(0)}{h}=\lim_{h\to 0}\frac{f(\boldsymbol{x}_0+h\boldsymbol{v})-f(\boldsymbol{x}_0)}{h}=\frac{\partial f(\boldsymbol{x}_0)}{\partial \boldsymbol{v}}.$$

根据链式法则, 可以得到

$$\frac{d\boldsymbol{\beta}(0)}{dh}=\boldsymbol{J}_{\boldsymbol{\beta}}(0)=\boldsymbol{J}_f(\boldsymbol{\alpha}(0))\,\boldsymbol{J}_{\boldsymbol{\alpha}}(0)=\boldsymbol{J}_f(\boldsymbol{x}_0)\,\boldsymbol{J}_{\boldsymbol{\alpha}}(0).$$

它仍然需要计算 $\boldsymbol{J}_{\boldsymbol{\alpha}}(0)$. 通过导数的线性性质,

$$\frac{\partial \alpha_i(h)}{\partial h}=(x_{0,i}+hv_i)'=v_i,$$

其中令 $\boldsymbol{\alpha}=(\alpha_1,\cdots,\alpha_d)^{\mathrm{T}}$, $\boldsymbol{x}_0=(x_{01},\cdots,x_{0d})^{\mathrm{T}}$. 则有 $\boldsymbol{J}_{\boldsymbol{\alpha}}(0)=\boldsymbol{v}$ 及

$$\frac{d\boldsymbol{\beta}(0)}{dh}=\boldsymbol{J}_f(\boldsymbol{x}_0)\,\boldsymbol{v}.$$

偏导数也可以推广到高阶, 这里限制在二阶.

定义 3.1.18 (二阶偏导数和黑塞 (Hesse) 矩阵) 设 $f:D\to\mathbb{R}$, 其中 $D\subseteq\mathbb{R}^d$, $\boldsymbol{x}_0\in D$ 是 D 中的一个内点. 假设 f 在一个包含 $\boldsymbol{x}_0$ 的开球中连续可微. 则 $\partial f(\boldsymbol{x})/\partial x_i$ 本身是 $\boldsymbol{x}$ 的函数, 其对 x_j 的偏导如果存在, 则可表示为

$$\frac{\partial^2 f(\boldsymbol{x}_0)}{\partial x_j\partial x_i}=\lim_{h\to 0}\frac{\partial f(\boldsymbol{x}_0+h\boldsymbol{e}_j)/\partial x_i-\partial f(\boldsymbol{x}_0)/\partial x_i}{h}.$$

为了简化符号, 当 $j=i$ 时, 把它写成 $\partial^2 f(\boldsymbol{x}_0)/\partial x_i^2$. 若 $\partial^2 f(\boldsymbol{x})/\partial x_j\partial x_i$ 和 $\partial^2 f(\boldsymbol{x})/\partial x_i^2$ 存在且在包含 $\boldsymbol{x}_0$ 的开球中对任意 i,j 连续, 则 f 在 $\boldsymbol{x}_0$ 处二阶连续可微.

梯度 ∇f 的雅可比矩阵称为黑塞矩阵, 可表示为

$$\boldsymbol{H}_f(\boldsymbol{x}_0)=\begin{pmatrix}\dfrac{\partial^2 f(\boldsymbol{x}_0)}{\partial x_1^2} & \cdots & \dfrac{\partial^2 f(\boldsymbol{x}_0)}{\partial x_d\partial x_1}\\ \vdots & \ddots & \vdots\\ \dfrac{\partial^2 f(\boldsymbol{x}_0)}{\partial x_1\partial x_d} & \cdots & \dfrac{\partial^2 f(\boldsymbol{x}_0)}{\partial x_d^2}\end{pmatrix}.$$

当 f 在 $\boldsymbol{x}_0$ 处二阶连续可微时, 它的黑塞矩阵是对称矩阵.

定理 3.1.19 (黑塞矩阵的对称性)　设 $f: D \to \mathbb{R}$, 其中 $D \subseteq \mathbb{R}^d$, 并设 $\boldsymbol{x}_0$ 是 D 中的内点. 假设 f 在 $\boldsymbol{x}_0$ 处连续且二阶可微, 则对任意 $i \neq j$,

$$\frac{\partial^2 f(\boldsymbol{x}_0)}{\partial x_j \partial x_i} = \frac{\partial^2 f(\boldsymbol{x}_0)}{\partial x_i \partial x_j}.$$

例 3.1.20　再次考虑二次函数

$$f(\boldsymbol{x}) = \frac{1}{2}\boldsymbol{x}^{\mathrm{T}}\boldsymbol{P}\boldsymbol{x} + \boldsymbol{q}^{\mathrm{T}}\boldsymbol{x} + r$$

且 f 的梯度是

$$\nabla f(\boldsymbol{x}) = \frac{1}{2}(\boldsymbol{P} + \boldsymbol{P}^{\mathrm{T}})\,\boldsymbol{x} + \boldsymbol{q}.$$

∇f 的每个分量都是 $\boldsymbol{x}$ 的仿射函数, 因此根据之前的结果, ∇f 的梯度是

$$\boldsymbol{H}_f = \frac{1}{2}(\boldsymbol{P} + \boldsymbol{P}^{\mathrm{T}}).$$

注意, 这是一个对称矩阵.

3.1.3　泰勒定理

泰勒定理给出了一个可微函数在给定点附近的多项式近似. 它是中值定理的一个强大推广, 通常二阶误差项的近似足以满足需求.

首先回顾单变量的情况, 用它来证明一般形式.

定理 3.1.21 (泰勒定理)　$f: D \to \mathbb{R}$, 其中 $D \subseteq \mathbb{R}$. 假设 f 是 $[a, b]$ 上的 n 阶连续导数, 则

$$f(b) = f(a) + (b-a)f'(a) + \frac{1}{2}(b-a)^2 f''(a) + \cdots + \frac{(b-a)^{m-1}}{(m-1)!}f^{(m-1)}(a) + R_m, \tag{3.1.1}$$

其中存在 $0 < \theta < 1$, 有 $R_m = \dfrac{(b-a)^m}{(m)!}f^{(m)}(a + \theta(b-a))$. 特别地, 对 $m = 2$, 存在 $a < \xi < b$, 有

$$f(b) = f(a) + (b-a)f'(a) + \frac{1}{2}(b-a)^2 f''(\xi). \tag{3.1.2}$$

证明　这里只考虑 $m = 2$ 的情况, 其他情况也可以得到类似的证明. 令

$$P(t) = \alpha_0 + \alpha_1(t-a) + \alpha_2(t-a)^2.$$

选择 $\alpha_i, i=0,1,2$, 使得 $P(a)=f(a)$, $P'(a)=f'(a)$ 和 $P(b)=f(b)$, 从而有

$$\alpha_0 = f(a), \quad \alpha_1 = f'(a).$$

令 $\phi(t)=f(t)-P(t)$, 则 $\phi(a)=\phi(b)=0$. 根据罗尔定理, 存在 $\xi' \in (a,b)$ 使得 $\phi'(\xi')=0$. 此外, $\phi'(a)=0$. 再次由罗尔定理, 对于 $[a,\xi']$ 上的 ϕ', 存在 $\xi \in (a,\xi')$ 使得 $\phi''(\xi)=0$. ϕ 在 ξ 处的二阶导数为

$$0=\phi''(\xi)=f''(\xi)-P''(\xi)=f''(\xi)-2\alpha_2,$$

故 $\alpha_2 = f''(\xi)/2$. 代入 P 并使用 $\phi(b)=0$ 得出结论.

同样, 在有多个变量的情况下, 将它限制在二阶. 首先从一个特例开始: 多元中值定理.

定理 3.1.22 (多元中值定理) *$f: D\to\mathbb{R}$, 其中 $D\subseteq\mathbb{R}^d$. 设 $\boldsymbol{x}_0\in D$ 和 $\delta>0$ 使得 $B_\delta(\boldsymbol{x}_0)\subseteq D$. 若 f 在 $B_\delta(\boldsymbol{x}_0)$ 上连续可微, 则对于任意 $\boldsymbol{x}\in B_\delta(\boldsymbol{x}_0)$, 存在 $\xi\in(0,1)$ 使得*

$$f(\boldsymbol{x})=f(\boldsymbol{x}_0)+\nabla f(\boldsymbol{x}_0+\xi\boldsymbol{p})^{\mathrm{T}}\boldsymbol{p}, \tag{3.1.3}$$

其中 $\boldsymbol{p}=\boldsymbol{x}-\boldsymbol{x}_0$.

证明 令 $\phi(t)=f(\boldsymbol{\alpha}(t))$, 其中 $\boldsymbol{\alpha}(t)=\boldsymbol{x}_0+t\boldsymbol{p}$, 则有 $\phi(0)=f(\boldsymbol{x}_0)$ 和 $\phi(1)=f(\boldsymbol{x})$. 根据链式法则,

$$\phi'(t)=\boldsymbol{J}_f(\boldsymbol{\alpha}(t))\,\boldsymbol{J}_{\boldsymbol{\alpha}}(t)=\nabla f(\boldsymbol{\alpha}(t))^{\mathrm{T}}\boldsymbol{p}=\nabla f(\boldsymbol{x}_0+t\boldsymbol{p})^{\mathrm{T}}\boldsymbol{p}.$$

特别地, ϕ 在 $[0,1]$ 上有连续的一阶导数. 根据单变量情况下的中值定理, 存在 $\xi\in(0,t)$, 使得

$$\phi(t)=\phi(0)+t\phi'(\xi),$$

代入 $\phi(0)$ 和 $\phi'(\xi)$ 的表达式并取 $t=1$ 即可得到结论.

定理 3.1.23 (多元泰勒定理) *$f: D\to\mathbb{R}$, 其中 $D\subseteq\mathbb{R}^d$. 设 $\boldsymbol{x}_0\in D$ 和 $\delta>0$ 使得 $B_\delta(\boldsymbol{x}_0)\subseteq D$. 如果 f 在 $B_\delta(\boldsymbol{x}_0)$ 上连续可微, 则对任意 $\boldsymbol{x}\in B_\delta(\boldsymbol{x}_0)$,*

$$f(\boldsymbol{x})=f(\boldsymbol{x}_0)+\nabla f(\boldsymbol{x}_0)^{\mathrm{T}}\boldsymbol{p}+\frac{1}{2}\boldsymbol{p}^{\mathrm{T}}\,\boldsymbol{H}_f(\boldsymbol{x}_0)\,\boldsymbol{p}+O(\|\boldsymbol{p}\|^3), \tag{3.1.4}$$

其中 $\boldsymbol{p}=\boldsymbol{x}-\boldsymbol{x}_0$.

若 f 在 $B_\delta(\boldsymbol{x}_0)$ 上二阶连续可微, 则对任意 $\boldsymbol{x}\in B_\delta(\boldsymbol{x}_0)$, 存在 $\xi\in(0,1)$, 使得

$$f(\boldsymbol{x})=f(\boldsymbol{x}_0)+\nabla f(\boldsymbol{x}_0)^{\mathrm{T}}\boldsymbol{p}+\frac{1}{2}\boldsymbol{p}^{\mathrm{T}}\,\boldsymbol{H}_f(\boldsymbol{x}_0+\xi\boldsymbol{p})\,\boldsymbol{p}, \tag{3.1.5}$$

其中 $\boldsymbol{p}=\boldsymbol{x}-\boldsymbol{x}_0$.

证明 只需证明第二种情况, 第一种情况可以使用相似的方法证明. 令 $\phi(t) = f(\boldsymbol{\alpha}(t))$, 其中 $\boldsymbol{\alpha}(t) = \boldsymbol{x}_0 + t\boldsymbol{p}$, 则有 $\phi(0) = f(\boldsymbol{x}_0)$ 和 $\phi(1) = f(\boldsymbol{x})$. 根据多元均值定理的证明可得, $\phi'(t) = \nabla f(\boldsymbol{\alpha}(t))^{\mathrm{T}}\boldsymbol{p}$. 根据链式法则,

$$\phi''(t) = \frac{d}{dt}\left(\sum_{i=1}^{d}\frac{\partial f(\boldsymbol{\alpha}(t))}{\partial x_i}p_i\right) = \sum_{i=1}^{d}\sum_{j=1}^{d}\frac{\partial^2 f(\boldsymbol{\alpha}(t))}{\partial x_j \partial x_i}p_j p_i = \boldsymbol{p}^{\mathrm{T}}\boldsymbol{H}_f(\boldsymbol{x}_0 + t\boldsymbol{p})\,\boldsymbol{p}.$$

特别地, ϕ 在 $[0,1]$ 上有连续的一阶和二阶导数. 单变量情况下, 根据泰勒定理, 存在 $\xi \in (0,t)$, 使得

$$\phi(t) = \phi(0) + t\phi'(0) + \frac{1}{2}t^2\phi''(\xi),$$

代入 $\phi(0)$, $\phi'(0)$ 和 $\phi''(\xi)$ 的表达式并取 $t=1$ 得到结论.

例 3.1.24 *考虑函数* $f(x_1,x_2) = x_1x_2 + x_1^2 + e^{x_1}\cos x_2$. *在* $\boldsymbol{x}_0 = (0,0)$ *和* $\boldsymbol{x} = (x_1,x_2)$ *处应用泰勒定理, 则梯度为*

$$\nabla f(x_1,x_2) = (x_2 + 2x_1 + e^{x_1}\cos x_2, x_1 - e^{x_1}\sin x_2)^{\mathrm{T}},$$

并且黑塞矩阵为

$$\boldsymbol{H}_f(x_1,x_2) = \begin{pmatrix} 2 + e^{x_1}\cos x_2 & 1 - e^{x_1}\sin x_2 \\ 1 - e^{x_1}\sin x_2 & -e^{x_1}\cos x_2 \end{pmatrix}.$$

故 $f(0,0)=1$, *并且* $\nabla f(0,0) = (1,0)^{\mathrm{T}}$. *因此, 由泰勒定理可得*

$$f(x_1,x_2) \approx 1 + x_1 + \frac{1}{2}(3x_1^2 + 2x_1x_2 - x_2^2).$$

3.2 无约束最优化

在本节中, 提出无约束连续优化问题的最优性条件, 并从局部最小值开始.

3.2.1 局部最小值的充分必要条件

考虑以下形式的无约束优化:

$$\min_{\boldsymbol{x}\in\mathbb{R}^d} f(\boldsymbol{x}), \tag{3.2.1}$$

其中 $f:\mathbb{R}^d \to \mathbb{R}$. 在本小节中, 定义了一些解的概念并推导了其特性. 希望找到理想情况下该优化问题的全局最小值.

定义 3.2.1 (全局最小值) $f:\mathbb{R}^d\to\mathbb{R}$. 点 $\boldsymbol{x}^*\in\mathbb{R}^d$ 是 f 在 $\mathbb{R}^d$ 上的局部最小值, 若

$$f(\boldsymbol{x})\geqslant f(\boldsymbol{x}^*),\quad \forall \boldsymbol{x}\in\mathbb{R}^d. \tag{3.2.2}$$

通常很难找到一个全局最小值, 除非存在一些特殊的结构. 因此引入了弱解的概念. 全局最小值和局部最小值之间的关系见图 3.8.

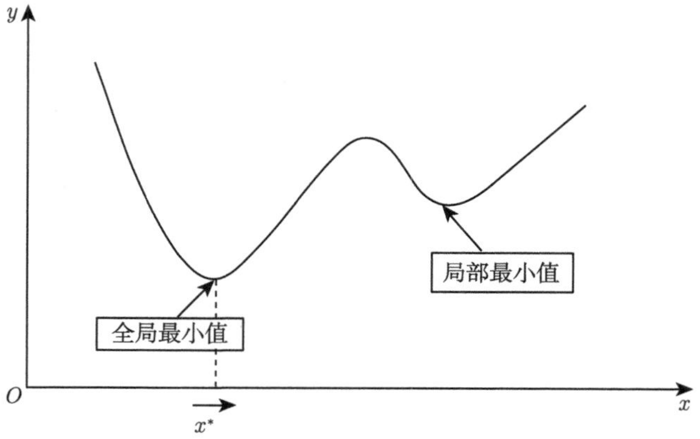

图 3.8 全局最小值和局部最小值

定义 3.2.2 (局部最小值) $f:\mathbb{R}^d\to\mathbb{R}$. 点 $\boldsymbol{x}^*\in\mathbb{R}^d$ 是 f 在 $\mathbb{R}^d$ 上的全局最小值, 若存在 $\delta>0$, 使得

$$f(\boldsymbol{x})\geqslant f(\boldsymbol{x}^*),\quad \forall \boldsymbol{x}\in B_\delta(\boldsymbol{x}^*)\setminus\{\boldsymbol{x}^*\}. \tag{3.2.3}$$

如果不等式是严格成立的, 那么 $\boldsymbol{x}^*$ 是严格的局部最小值.

若在 $\boldsymbol{x}^*$ 处存在一个开球, 使得它达到最小值, 则 $\boldsymbol{x}^*$ 是一个局部最小值. 全局最小值和局部最小值之间的区别见图 3.8. 根据函数的梯度和黑塞矩阵来描述局部最小值.

首先定义下降方向, 它是一维函数的导数为负的情况.

定义 3.2.3 (下降方向) $f:\mathbb{R}^d\to\mathbb{R}$. 向量 $\boldsymbol{v}$ 是 f 在 $\boldsymbol{x}_0$ 处的下降方向, 若存在 $\alpha^*>0$ 使得

$$f(\boldsymbol{x}_0+\alpha\boldsymbol{v})<f(\boldsymbol{x}_0),\quad \forall\alpha\in(0,\alpha^*). \tag{3.2.4}$$

在连续可微的情况下, 方向导数给出了下降方向的判据.

引理 3.2.4 (下降方向和方向导数) $f:\mathbb{R}^d\to\mathbb{R}$ 在 $\boldsymbol{x}_0$ 处连续可微. 向量 $\boldsymbol{v}$ 是 f 在 $\boldsymbol{x}_0$ 处的下降方向, 若

$$\frac{\partial f(\boldsymbol{x}_0)}{\partial\boldsymbol{v}}=\nabla f(\boldsymbol{x}_0)^{\mathrm{T}}\boldsymbol{v}<0, \tag{3.2.5}$$

也就是说, f 在 $\boldsymbol{x}_0$ 处沿 $\boldsymbol{v}$ 方向上的方向导数是负的.

证明 应用多元泰勒定理来证明. 假设存在 $\boldsymbol{v} \in \mathbb{R}^d$, 使得 $\nabla f(\boldsymbol{x}_0)^{\mathrm{T}}\boldsymbol{v} = -\eta < 0$. 对于 $\alpha > 0$, 多元中值定理意味着存在 $\xi_\alpha \in (0,1)$, 使得

$$f(\boldsymbol{x}_0 + \alpha\boldsymbol{v}) = f(\boldsymbol{x}_0) + \nabla f(\boldsymbol{x}_0)^{\mathrm{T}}(\alpha\boldsymbol{v}) + O(\|\alpha\boldsymbol{v}\|^2).$$

因此, 存在足够小的 $\alpha^* > 0$ 使得

$$\nabla f(\boldsymbol{x}_0)^{\mathrm{T}}(\alpha\boldsymbol{v}) + O(\|\alpha\boldsymbol{v}\|^2) < -\eta/2 < 0, \quad \forall\alpha \in (0, \alpha^*).$$

这意味着

$$f(\boldsymbol{x}_0 + \alpha\boldsymbol{v}) < f(\boldsymbol{x}_0) - \alpha\eta/2 < f(\boldsymbol{x}_0), \quad \forall\alpha \in (0, \alpha^*).$$

引理 3.2.5 (下降方向的存在性) 设 $f : \mathbb{R}^d \to \mathbb{R}$ 在 $\boldsymbol{x}_0$ 处连续可微且 $\nabla f(\boldsymbol{x}_0) \neq 0$, 则 f 的下降方向是 $\boldsymbol{x}_0$.

证明 设 $\boldsymbol{v} = -\nabla f(\boldsymbol{x}_0)$. 由于 $\nabla f(\boldsymbol{x}_0) \neq 0$, 则

$$\nabla f(\boldsymbol{x}_0)^{\mathrm{T}}\boldsymbol{v} = -\|\nabla f(\boldsymbol{x}_0)\|^2 < 0.$$

3.2.1.1 局部最小值的必要条件

下面的定理推广了函数的导数在最小值处为零的结论.

定理 3.2.6 (一阶必要条件) 设 $f : \mathbb{R}^d \to \mathbb{R}$ 在 $\mathbb{R}^d$ 上连续可微. 如果 $\boldsymbol{x}_0$ 是一个局部最小值, 那么 $\nabla f(\boldsymbol{x}_0) = 0$.

证明 这里利用反证法. 假设 $\nabla f(\boldsymbol{x}_0) \neq 0$. 根据下降方向引理, 在 $\boldsymbol{x}_0$ 处存在一个下降方向 $\boldsymbol{v} \in \mathbb{R}^d$. 这意味着存在 $\alpha^* > 0$ 使得

$$f(\boldsymbol{x}_0 + \alpha\boldsymbol{v}) < f(\boldsymbol{x}_0), \quad \forall\alpha \in (0, \alpha^*).$$

因此, $\boldsymbol{x}_0$ 的每个开球都有一个值小于 $f(\boldsymbol{x}_0)$ 的点. 因此 $\boldsymbol{x}_0$ 不是一个局部最小值, 矛盾. 故 $\nabla f(\boldsymbol{x}_0) = 0$.

如果 f 是连续可微的, 则函数的黑塞矩阵可以起到重要的作用.

定义 3.2.7 一个对称的 $d \times d$ 方阵 $\boldsymbol{H}$ 称为半正定 (positive semi-definite, PSD) 的, 若对于任意 $\boldsymbol{x} \in \mathbb{R}^d$ 有 $\boldsymbol{x}^{\mathrm{T}}\boldsymbol{H}\boldsymbol{x} \geqslant 0$.

定理 3.2.8 (二阶必要条件) $f : \mathbb{R}^d \to \mathbb{R}$ 在 $\mathbb{R}^d$ 上二阶连续可微. 若 $\boldsymbol{x}_0$ 是一个局部最小值, 则 $\boldsymbol{H}_f(\boldsymbol{x}_0)$ 是 PSD 的.

证明 反证法. 假设 $\boldsymbol{H}_f(\boldsymbol{x}_0)$ 不是 PSD 的. 因为黑塞矩阵是对称的, $\boldsymbol{H}_f(\boldsymbol{x}_0)$ 有一个谱分解. 由此可知 $\boldsymbol{H}_f(\boldsymbol{x}_0)$ 必须至少有一个负特征值 $-\eta < 0$. 设 $\boldsymbol{v}$ 是对

应的特征向量, 则 $\langle \boldsymbol{v}, \boldsymbol{H}_f(\boldsymbol{x}_0)\,\boldsymbol{v}\rangle = -\eta < 0$. 对于 $\alpha > 0$, 多元泰勒定理表明存在 $\xi_\alpha \in (0,1)$ 使得

$$f(\boldsymbol{x}_0 + \alpha\boldsymbol{v}) = f(\boldsymbol{x}_0) + \nabla f(\boldsymbol{x}_0)^{\mathrm{T}}(\alpha\boldsymbol{v}) + (\alpha\boldsymbol{v})^{\mathrm{T}}\boldsymbol{H}_f(\boldsymbol{x}_0)(\alpha\boldsymbol{v}) + O(||\alpha\boldsymbol{v}||^3)$$

$$= f(\boldsymbol{x}_0) + \alpha^2\boldsymbol{v}^{\mathrm{T}}\boldsymbol{H}_f(\boldsymbol{x}_0)\,\boldsymbol{v} + O(||\alpha\boldsymbol{v}||^3),$$

其中 $\nabla f(\boldsymbol{x}_0) = 0$ 满足一阶必要条件. 故取足够小的 α, 得到

$$\boldsymbol{v}^{\mathrm{T}}\boldsymbol{H}_f(\boldsymbol{x}_0)\,\boldsymbol{v} < -\eta/2 < 0,$$

即

$$f(\boldsymbol{x}_0 + \alpha\boldsymbol{v}) < f(\boldsymbol{x}_0) - \alpha^2\eta/2 < f(\boldsymbol{x}_0).$$

由于这适用于所有足够小的 α, 因此 $\boldsymbol{x}_0$ 的每个开球都有一个值低于 $f(\boldsymbol{x}_0)$ 的点. 因此 $\boldsymbol{x}_0$ 不是一个局部最小值, 矛盾. 故 $\boldsymbol{H}_f(\boldsymbol{x}_0)$ 一定是 PSD 的.

3.2.1.2 局部最小值的充分条件

与一维情况一样, 上一小节中的必要条件通常并不充分, 如下面的示例所示.

例 3.2.9 设 $f(x) = x^3$. 则 $f'(x) = 3x^2$, $f''(x) = 6x$, 且 $f'(0) = 0$, $f''(0) = 0$. 因此 $x = 0$ 是一个静止点 ($\nabla f(\boldsymbol{x}_0) = 0$), 但不是局部最小值. 的确, $f(0) = 0$, 但对于任意 $\delta > 0$, $f(-\delta) < 0$.

由以下定理, 给出局部最小值的充分条件.

定理 3.2.10 (二阶充分条件) $f : \mathbb{R}^d \to \mathbb{R}$ 在 $\mathbb{R}^d$ 上二阶连续可微. 若 $\nabla f(\boldsymbol{x}_0) = \mathbf{0}$ 和 $\boldsymbol{H}_f(\boldsymbol{x}_0)$ 正定, 则 $\boldsymbol{x}_0$ 是一个严格的局部最小值.

证明 由于 $\boldsymbol{H}_f(\boldsymbol{x}_0)$ 正定, 其特征值都是正的. 由此得出对于任意 $\boldsymbol{v} \neq \mathbf{0}$, $\boldsymbol{v}^{\mathrm{T}}\boldsymbol{H}_f(\boldsymbol{x}_0)\,\boldsymbol{v} \geqslant \mu\|\boldsymbol{v}\|^2$, 其中 μ 可以是小于 $\boldsymbol{H}_f(\boldsymbol{x}_0)$ 最小特征值的任何正数. 通过多元泰勒定理, 对于 $\boldsymbol{v} \neq \mathbf{0}$, 有

$$f(\boldsymbol{x}_0 + \boldsymbol{v}) = f(\boldsymbol{x}_0) + \nabla f(\boldsymbol{x}_0)^{\mathrm{T}}\boldsymbol{v} + \boldsymbol{v}^{\mathrm{T}}\boldsymbol{H}_f(\boldsymbol{x}_0)\,\boldsymbol{v} + O(\|\boldsymbol{v}\|^3)$$

$$> f(\boldsymbol{x}_0) + \mu\|\boldsymbol{v}\|^2 + O(\|\boldsymbol{v}\|^3)$$

$$> f(\boldsymbol{x}_0).$$

故 $\boldsymbol{x}_0$ 是严格的局部最小值.

3.2.2 凸性和全局最小值

如果函数图形上任意两点之间的线段位于两点之间的图形之上, 则实值函数称为凸函数. 最优性条件只涉及局部最小值. 事实上, 在缺乏全局结构的情况下, 由梯度和黑塞矩阵等局部信息只能知道点的邻近区域. 这里只考虑凸性, 在凸性条件下, 局部最小值也是全局最小值.

3.2.2.1　凸集与函数

定义 3.2.11 (凸集)　集合 $D \subseteq \mathbb{R}^d$ 是凸的, 若对任意 $\boldsymbol{x}, \boldsymbol{y} \in D$ 和 $\alpha \in [0,1]$, 有

$$(1-\alpha)\boldsymbol{x} + \alpha\boldsymbol{y} \in D. \tag{3.2.6}$$

图 3.9(a) 是一个凸集; 图 3.9(b) 不是凸集.

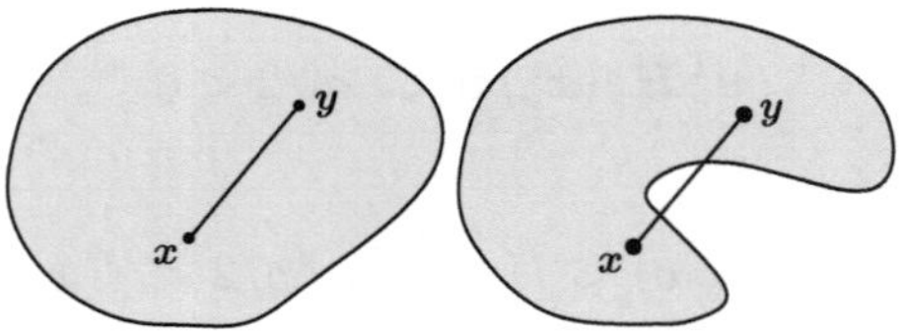

(a) 凸集　　(b) 非凸集

图 3.9

例 3.2.12　$\mathbb{R}^d$ 中任意开球都是凸的. 令 $\delta > 0$, 给定点 $\boldsymbol{x}_0$. 对任意 $\boldsymbol{x}, \boldsymbol{y} \in B_\delta(\boldsymbol{x}_0)$ 和 $\alpha \in [0,1]$, 有

$$\begin{aligned}\|[(1-\alpha)\boldsymbol{x} + \alpha\boldsymbol{y}] - \boldsymbol{x}_0\| &= \|(1-\alpha)(\boldsymbol{x} - \boldsymbol{x}_0) + \alpha(\boldsymbol{y} - \boldsymbol{x}_0)\| \\ &\leqslant \|(1-\alpha)(\boldsymbol{x} - \boldsymbol{x}_0)\| + \|\alpha(\boldsymbol{y} - \boldsymbol{x}_0)\| \\ &= (1-\alpha)\|\boldsymbol{x} - \boldsymbol{x}_0\| + \alpha\|\boldsymbol{y} - \boldsymbol{x}_0\| \\ &\leqslant (1-\alpha)\delta + \alpha\delta \\ &= \delta,\end{aligned}$$

其中第二行使用了三角形不等式. 故 $(1-\alpha)\boldsymbol{x} + \alpha\boldsymbol{y} \in B_\delta(\boldsymbol{x}_0)$.

定义 3.2.13 (凸函数)　函数是凸的, 若对任意 $\boldsymbol{x}, \boldsymbol{y} \in \mathbb{R}^d$ 及 $\alpha \in [0,1]$, 有

$$f[(1-\alpha)\boldsymbol{x} + \alpha\boldsymbol{y}] \leqslant (1-\alpha)f(\boldsymbol{x}) + \alpha f(\boldsymbol{y}). \tag{3.2.7}$$

更一般地说, 若上面的定义对任意 $\boldsymbol{x}, \boldsymbol{y} \in D$ 成立, 则函数 $f: D \to \mathbb{R}$ 在凸域 $D \subseteq \mathbb{R}^d$ 上为凸函数.

图 3.10 是一个凸函数.

引理 3.2.14 (仿射函数是凸函数)　令 $\boldsymbol{w} \in \mathbb{R}^d$ 且 $b \in \mathbb{R}$, 则 $f(\boldsymbol{x}) = \boldsymbol{w}^{\mathrm{T}}\boldsymbol{x} + b$ 是凸函数.

证明　对任意 $\boldsymbol{x}, \boldsymbol{y} \in \mathbb{R}^d$ 及 $\alpha \in [0,1]$,

$$f[(1-\alpha)\boldsymbol{x} + \alpha\boldsymbol{y}] = \boldsymbol{w}^{\mathrm{T}}[(1-\alpha)\boldsymbol{x} + \alpha\boldsymbol{y}] + b = (1-\alpha)(\boldsymbol{w}^{\mathrm{T}}\boldsymbol{x} + b) + \alpha(\boldsymbol{w}^{\mathrm{T}}\boldsymbol{y} + b),$$

即证.

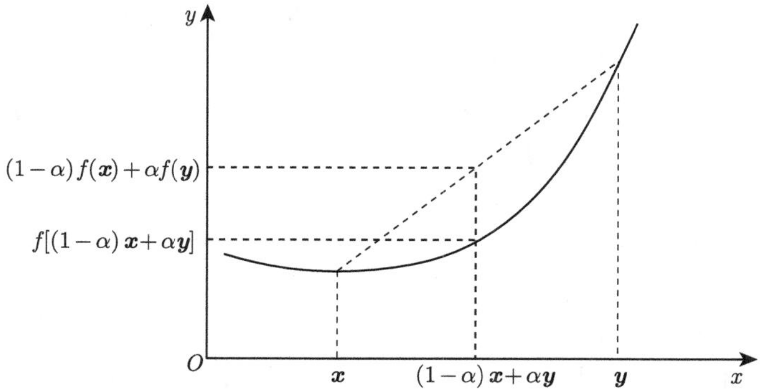

图 3.10　凸函数

证明一个函数是凸函数的常用方法是看它的黑塞矩阵. 从一阶条件开始.

引理 3.2.15 (一阶凸性条件)　*若 $f:\mathbb{R}^d\to\mathbb{R}$ 连续可微, 则 f 为凸函数当且仅当对任意 $\boldsymbol{x},\boldsymbol{y}\in\mathbb{R}^d$, 有*

$$f(\boldsymbol{y})\geqslant f(\boldsymbol{x})+\nabla f(\boldsymbol{x})^{\mathrm{T}}(\boldsymbol{y}-\boldsymbol{x}).\tag{3.2.8}$$

证明 (一阶凸性条件)　首先假设对任意 $\boldsymbol{z}_1,\boldsymbol{z}_2$, 有 $f(\boldsymbol{z}_2)\geqslant f(\boldsymbol{z}_1)+\nabla f(\boldsymbol{z}_1)^{\mathrm{T}}\times(\boldsymbol{z}_2-\boldsymbol{z}_1)$. 对任意 $\boldsymbol{x},\boldsymbol{y}$ 及 $\alpha\in[0,1]$, 令 $\boldsymbol{w}=(1-\alpha)\boldsymbol{x}+\alpha\boldsymbol{y}$. 然后取 $\boldsymbol{z}_1=\boldsymbol{w}$ 及 $\boldsymbol{z}_2=\boldsymbol{x}$, 得到

$$f(\boldsymbol{x})\geqslant f(\boldsymbol{w})+\nabla f(\boldsymbol{w})^{\mathrm{T}}(\boldsymbol{x}-\boldsymbol{w}),$$

取 $\boldsymbol{z}_1=\boldsymbol{w}$ 和 $\boldsymbol{z}_2=\boldsymbol{y}$ 得到

$$f(\boldsymbol{y})\geqslant f(\boldsymbol{w})+\nabla f(\boldsymbol{w})^{\mathrm{T}}(\boldsymbol{y}-\boldsymbol{w}).$$

将第一个不等式乘以 $(1-\alpha)$, 第二个乘以 α, 相加可得

$$(1-\alpha)f(\boldsymbol{x})+\alpha f(\boldsymbol{y})\geqslant f(\boldsymbol{w})+\nabla f(\boldsymbol{w})^{\mathrm{T}}([(1-\alpha)\boldsymbol{x}+\alpha\boldsymbol{y}]-\boldsymbol{w})=f(\boldsymbol{w}),$$

即证明凸性. 对于另一个方向, 假设 f 是凸的. 对任意 $\boldsymbol{x},\boldsymbol{y}$ 和 $\alpha\in(0,1)$, 由多元中值定理, 存在 $\xi\in(0,1)$ 使得

$$f(\boldsymbol{w})=f(\boldsymbol{x}+\alpha(\boldsymbol{y}-\boldsymbol{x}))=f(\boldsymbol{x})+\alpha(\boldsymbol{y}-\boldsymbol{x})^{\mathrm{T}}\nabla f[\boldsymbol{x}+\xi\alpha(\boldsymbol{y}-\boldsymbol{x})],$$

而凸性意味着

$$f(\boldsymbol{w})\leqslant(1-\alpha)f(\boldsymbol{x})+\alpha f(\boldsymbol{y}),$$

组合、重新排列并除以 α 得到

$$(\boldsymbol{y}-\boldsymbol{x})^{\mathrm{T}}\nabla f[\boldsymbol{x}+\xi\alpha(\boldsymbol{y}-\boldsymbol{x})]\leqslant f(\boldsymbol{y})-f(\boldsymbol{x}).$$

令 $\alpha\to 0$ 即可得证.

引理 3.2.16 (二阶凸性条件)　$f:\mathbb{R}^d\to\mathbb{R}$ 二阶连续可微, 则 f 是凸函数当且仅当对任意 $\boldsymbol{x}\in\mathbb{R}^d$, $\boldsymbol{H}_f(\boldsymbol{x})$ 是 PSD 的.

证明　首先假设对任意 $\boldsymbol{z}_1$, $\boldsymbol{H}_f(\boldsymbol{z}_1)$ 都是 PSD 的. 对于任意 $\boldsymbol{x},\boldsymbol{y}$, 根据多元泰勒定理, 存在 $\xi\in(0,1)$ 使得

$$\begin{aligned}f(\boldsymbol{y})&=f(\boldsymbol{x})+\nabla f(\boldsymbol{x})^{\mathrm{T}}(\boldsymbol{y}-\boldsymbol{x})+(\boldsymbol{y}-\boldsymbol{x})^{\mathrm{T}}\boldsymbol{H}_f(\boldsymbol{x}+\xi(\boldsymbol{y}-\boldsymbol{x}))\,(\boldsymbol{y}-\boldsymbol{x})\\&\geqslant f(\boldsymbol{x})+\nabla f(\boldsymbol{x})^{\mathrm{T}}(\boldsymbol{y}-\boldsymbol{x}),\end{aligned}$$

由一阶凸性条件可知 f 是凸的. 另一方面, 假设 f 是凸的. 对于任意 $\boldsymbol{x},\boldsymbol{w}$ 和 $\alpha\in(0,1)$, 通过多元泰勒定理, 存在 $\xi_\alpha\in(0,1)$ 使得

$$f(\boldsymbol{x}+\alpha\boldsymbol{w})=f(\boldsymbol{x})+\alpha\boldsymbol{w}^{\mathrm{T}}\nabla f(\boldsymbol{x})+\alpha^2\boldsymbol{w}^{\mathrm{T}}\boldsymbol{H}_f(\boldsymbol{x}+\xi_\alpha\alpha\boldsymbol{w})\,\boldsymbol{w},$$

而一阶凸性条件意味着

$$f(\boldsymbol{x}+\alpha\boldsymbol{w})\geqslant f(\boldsymbol{x})+\alpha\boldsymbol{w}^{\mathrm{T}}\nabla f(\boldsymbol{x}).$$

组合、重新排列并除以 α^2 得到

$$\boldsymbol{w}^{\mathrm{T}}\boldsymbol{H}_f(\boldsymbol{x}+\xi_\alpha\alpha\boldsymbol{w})\,\boldsymbol{w}\geqslant 0.$$

令 $\alpha\to 0$ 得 $\boldsymbol{w}^{\mathrm{T}}\boldsymbol{H}_f(\boldsymbol{x})\,\boldsymbol{w}\geqslant 0$. 由于 $\boldsymbol{w}$ 是任意的, 这意味着黑塞矩阵在 $\boldsymbol{x}$ 处是 PSD 的. 这适用于任何 $\boldsymbol{x}$, 即证.

例 3.2.17　考虑二次函数

$$f(\boldsymbol{x})=\frac{1}{2}\boldsymbol{x}^{\mathrm{T}}\boldsymbol{P}\boldsymbol{x}+\boldsymbol{q}^{\mathrm{T}}\boldsymbol{x}+r.$$

在前面表明已知, 黑塞矩阵是

$$\boldsymbol{H}_f(\boldsymbol{x})=\frac{1}{2}(\boldsymbol{P}+\boldsymbol{P}^{\mathrm{T}}).$$

因此 f 是凸函数当且仅当矩阵 $\dfrac{1}{2}(\boldsymbol{P}+\boldsymbol{P}^{\mathrm{T}})$ 只有非负特征值.

3.2.2.2　凸函数的全局最小值

对于凸函数, 求最小值的充分 (也是必要) 条件是 $\nabla f(\boldsymbol{x}_0)=\boldsymbol{0}$.

定理 3.2.18　$f:\mathbb{R}^d\to\mathbb{R}$ 为连续可微凸函数. 若 $\nabla f(\boldsymbol{x}_0)=\boldsymbol{0}$, 则 $\boldsymbol{x}_0$ 为全局最小值.

证明 设 $\nabla f(\boldsymbol{x}_0)=\boldsymbol{0}$. 由一阶凸性条件得, 对任意 $\boldsymbol{y}$, 有

$$f(\boldsymbol{y})-f(\boldsymbol{x}_0)\geqslant\nabla f(\boldsymbol{x}_0)^{\mathrm{T}}(\boldsymbol{y}-\boldsymbol{x}_0)=0.$$

得证.

此外, 将证明凸函数的一个关键性质, 即局部最小值都是全局最小值.

定理 3.2.19 (凸函数的全局最小值) 若 $f:\mathbb{R}^d\to\mathbb{R}$ 为凸函数, 那么 f 的局部最小值也是全局最小值.

证明 反证法. 假设 $\boldsymbol{x}_0$ 是一个局部最小值点, 但不是全局最小值点. 则存在 $\boldsymbol{y}$ 使得

$$f(\boldsymbol{y})<f(\boldsymbol{x}_0).$$

根据凸性, 对任意 $\alpha\in(0,1)$,

$$f(\boldsymbol{x}_0+\alpha(\boldsymbol{y}-\boldsymbol{x}_0))\leqslant(1-\alpha)f(\boldsymbol{x}_0)+\alpha f(\boldsymbol{y})<f(\boldsymbol{x}_0).$$

但这意味着 $\boldsymbol{x}_0$ 的每个开球都包含一个小于 $f(\boldsymbol{x}_0)$ 的点, 矛盾. 得证.

例 3.2.20 考虑二次函数

$$f(\boldsymbol{x})=\frac{1}{2}\boldsymbol{x}^{\mathrm{T}}\boldsymbol{P}\boldsymbol{x}+\boldsymbol{q}^{\mathrm{T}}\boldsymbol{x}+r,$$

其中 $\boldsymbol{P}$ 是对称且正定的. 对任意 $\boldsymbol{x}$, 其黑塞矩阵为

$$\boldsymbol{H}_f(\boldsymbol{x})=\frac{1}{2}(\boldsymbol{P}+\boldsymbol{P}^{\mathrm{T}})=\boldsymbol{P},$$

故该函数为凸函数. 并且对任意 $\boldsymbol{x}$, 其梯度为

$$\nabla f(\boldsymbol{x})=\boldsymbol{P}\boldsymbol{x}+\boldsymbol{q},$$

满足

$$\boldsymbol{P}\boldsymbol{x}+\boldsymbol{q}=\boldsymbol{0}$$

的任意 $\boldsymbol{x}$ 均为全局最小值. 如果 $\boldsymbol{P}=\boldsymbol{Q}\boldsymbol{\Lambda}\boldsymbol{Q}^{\mathrm{T}}$ 是 $\boldsymbol{P}$ 的谱分解, 其中 $\boldsymbol{\Lambda}$ 的所有对角线项都是正数, 则 $\boldsymbol{P}^{-1}=\boldsymbol{Q}\boldsymbol{\Lambda}^{-1}\boldsymbol{Q}^{\mathrm{T}}$, 其中 $\boldsymbol{\Lambda}^{-1}$ 的对角线项是 $\boldsymbol{\Lambda}$ 的对角线项的倒数. 这可以通过下式得出:

$$\boldsymbol{Q}\boldsymbol{\Lambda}\boldsymbol{Q}^{\mathrm{T}}\boldsymbol{Q}\boldsymbol{\Lambda}^{-1}\boldsymbol{Q}^{\mathrm{T}}=\boldsymbol{Q}\boldsymbol{I}_{d\times d}\boldsymbol{Q}^{\mathrm{T}}=\boldsymbol{I}_{d\times d}.$$

故下式是一个全局最小值:

$$\boldsymbol{x}^*=-\boldsymbol{Q}\boldsymbol{\Lambda}^{-1}\boldsymbol{Q}^{\mathrm{T}}\boldsymbol{q}.$$

3.2.3 梯度下降

梯度下降是一种求可微函数的局部最小值的迭代优化算法. 一旦知道一个函数有一个最小值, 将讨论梯度下降的一类算法, 用于数值解决优化问题. 设 $f:\mathbb{R}^d\to\mathbb{R}$ 连续可微, 考虑无约束最小化问题:

$$\min_{\boldsymbol{x}\in\mathbb{R}^d} f(\boldsymbol{x}). \tag{3.2.9}$$

可以在大量的点 $\boldsymbol{x}$ 处计算 f, 以确定 f 的全局最小值. 但这种做法代价太高. 另一种可行的方法是找到 f 的所有平稳点, 也就是说, 找到那些满足 $\nabla f(\boldsymbol{x})=\mathbf{0}$ 的 $\boldsymbol{x}$. 然后从中选择产生 $f(\boldsymbol{x})$ 最小值的 $\boldsymbol{x}$. 这确实适用于许多问题, 比如之前遇到的例子.

例 3.2.21　考虑最小二乘问题

$$\min_{\boldsymbol{x}\in\mathbb{R}^d}\|A\boldsymbol{x}-\boldsymbol{b}\|^2,$$

其中 $\boldsymbol{A}\in\mathbb{R}^{n\times d}$ 列满秩. 特别地, $d\leqslant n$. 目标函数是一个二次函数

$$f(\boldsymbol{x})=\|\boldsymbol{A}\boldsymbol{x}-\boldsymbol{b}\|^2=(\boldsymbol{A}\boldsymbol{x}-\boldsymbol{b})^{\mathrm{T}}(\boldsymbol{A}\boldsymbol{x}-\boldsymbol{b})=\boldsymbol{x}^{\mathrm{T}}\boldsymbol{A}^{\mathrm{T}}\boldsymbol{A}\boldsymbol{x}-2\boldsymbol{b}^{\mathrm{T}}\boldsymbol{A}\boldsymbol{x}+\boldsymbol{b}^{\mathrm{T}}\boldsymbol{b}.$$

通过前面的例子,

$$\nabla f(\boldsymbol{x})=2\boldsymbol{A}^{\mathrm{T}}\boldsymbol{A}\boldsymbol{x}-2\boldsymbol{A}^{\mathrm{T}}\boldsymbol{b},$$

其中 $\boldsymbol{A}^{\mathrm{T}}\boldsymbol{A}$ 对称. 所以平稳点满足

$$\boldsymbol{A}^{\mathrm{T}}\boldsymbol{A}\boldsymbol{x}=\boldsymbol{A}^{\mathrm{T}}\boldsymbol{b},$$

也就是最小二乘问题的一般方程. 之前已经证明, 当 $\boldsymbol{A}$ 列满秩时, 方程存在唯一解. 而且, 该优化问题是凸的. 在之前的例子中, f 的黑塞矩阵为

$$\boldsymbol{H}_f(\boldsymbol{x})=2\boldsymbol{A}^{\mathrm{T}}\boldsymbol{A}.$$

显然, 此黑塞矩阵是 PSD 的, 因为对任意 $\boldsymbol{z}\in\mathbf{R}^d$,

$$\langle\boldsymbol{z},2\boldsymbol{A}^{\mathrm{T}}\boldsymbol{A}\boldsymbol{z}\rangle=2(\boldsymbol{A}\boldsymbol{z})^{\mathrm{T}}(\boldsymbol{A}\boldsymbol{z})=2\|\boldsymbol{A}\boldsymbol{z}\|^2\geqslant 0.$$

故任何局部最小值, 必然是一个平稳点, 也是一个全局最小值. 因此, 找到了所有全局最小值.

一般来说, 确定平稳点通常会导致非线性方程组没有显式解. 因此需要利用梯度下降法.

最陡下降法是通过依次沿着 f 减小的方向寻找较小的 f 值. 正如在一阶必要条件的证明中看到的, $-\nabla f$ 提供了这样一个方向.

引理 3.2.22 (最陡下降) $f:\mathbb{R}^d\to\mathbb{R}$ 在 $\boldsymbol{x}_0$ 处连续可微. 对任意单位向量 $\boldsymbol{v}\in\mathbb{R}^d$, 有

$$\frac{\partial f(\boldsymbol{x}_0)}{\partial \boldsymbol{v}} \geqslant \frac{\partial f(\boldsymbol{x}_0)}{\partial \boldsymbol{v}^*}, \tag{3.2.10}$$

其中

$$\boldsymbol{v}^* = -\frac{\nabla f(\boldsymbol{x}_0)}{\|\nabla f(\boldsymbol{x}_0)\|}. \tag{3.2.11}$$

证明 由链式法则和柯西–施瓦茨不等式,

$$\begin{aligned}\frac{\partial f(\boldsymbol{x}_0)}{\partial \boldsymbol{v}} &= \nabla f(\boldsymbol{x}_0)^{\mathrm{T}}\boldsymbol{v}\\ &\geqslant -\|\nabla f(\boldsymbol{x}_0)\|\|\boldsymbol{v}\|\\ &= -\|\nabla f(\boldsymbol{x}_0)\|\\ &= \nabla f(\boldsymbol{x}_0)^{\mathrm{T}}\left(-\frac{\nabla f(\boldsymbol{x}_0)}{\|\nabla f(\boldsymbol{x}_0)\|}\right)\\ &= \frac{\partial f(\boldsymbol{x}_0)}{\partial \boldsymbol{v}^*}.\end{aligned}$$

在每一次最陡下降的迭代中, 对于步长序列 $\alpha_k > 0$, 向负梯度的方向前进一步,

$$\boldsymbol{x}^{k+1} = \boldsymbol{x}^k - \alpha_k \nabla f(\boldsymbol{x}^k), \quad k = 0, 1, 2, \cdots,$$

其中 α_k 称为步长. 一般情况下, 即使存在全局最小值, 也不能保证在极限中达到全局最小值.

定理 3.2.23 假设 $f:\mathbb{R}^d\to\mathbb{R}$ 是二阶连续可微. 选择步长以最小化

$$\alpha_k = \arg\min_{\alpha>0} f(\boldsymbol{x}^k - \alpha\nabla f(\boldsymbol{x}^k)).$$

然后从任意 $\boldsymbol{x}^0$ 开始的最陡下降产生一个序列 $\boldsymbol{x}^k$, $k = 1, 2, \cdots$, 这样如果 $\nabla f(\boldsymbol{x}^k) \neq 0$, 则

$$f(\boldsymbol{x}^{k+1}) \leqslant f(\boldsymbol{x}^k), \quad \forall k \geqslant 1.$$

3.3 logistic 回归

logistic (逻辑斯谛) 回归是一种模型, 其基本形式是使用逻辑函数对二元因变量进行建模. 它可以扩展到多类事件, 例如图像分类. 在本节中, 通过 logistic 回归展示了在二元分类上使用梯度下降的方法.

假设输入数据的形式为 $\{(\boldsymbol{\alpha}_i, b_i) : i = 1, \cdots, n\}$, 其中 $\boldsymbol{\alpha}_i \in \mathbb{R}^d$ 为特征, $b_i \in \{0,1\}$ 是标签. 和前面一样, 使用矩阵表示: $\boldsymbol{A} \in \mathbb{R}^{n\times d}$ 有行向量 $\boldsymbol{\alpha}_j^{\mathrm{T}}$, $j = 1, \cdots, n$ 且 $\boldsymbol{b} = (b_1, \cdots, b_n)^{\mathrm{T}} \in \{0,1\}^n$. 我们希望找到一个能够评估模型在区分两个标签方面表现优劣的损失函数, 从而可以运用梯度下降法求解最佳参数.

对于 $\boldsymbol{x}, \boldsymbol{\alpha} \in \mathbb{R}^d$, 设 $p(\boldsymbol{\alpha}; \boldsymbol{x})$ 为输出为 1 的概率. 定义

$$\ln \frac{p(\boldsymbol{\alpha}; \boldsymbol{x})}{1 - p(\boldsymbol{\alpha}; \boldsymbol{x})} = \boldsymbol{\alpha}^{\mathrm{T}} \boldsymbol{x}.$$

在这里, $\boldsymbol{\alpha}^{\mathrm{T}}\boldsymbol{x} = \sum x_i \boldsymbol{\alpha}_i$ 可以看作一个回归问题, 它用给定的数据 $(\boldsymbol{\alpha})$ 寻找最佳参数 $(\boldsymbol{x})$. 重新排列该表达式可以得到

$$p(\boldsymbol{\alpha}; \boldsymbol{x}) = \sigma(\boldsymbol{\alpha}^{\mathrm{T}} \boldsymbol{x}),$$

其中对于 $t \in \mathbb{R}$, sigmoid 函数为

$$\sigma(t) = \frac{1}{1 + e^{-t}}.$$

为了最大化数据的可能性, 假设标签是独立的给定特征, 这里由下式给出:

$$\mathcal{L}(\boldsymbol{x}; \boldsymbol{A}, \boldsymbol{b}) = \prod_{i=1}^{n} p(\boldsymbol{\alpha}_i; \boldsymbol{x})^{b_i} (1 - p(\boldsymbol{\alpha}_i; \boldsymbol{x}))^{1-b_i}.$$

取对数, 乘以 $-1/n$ 并代入 sigmoid 函数, 得到交叉熵损失函数:

$$\ell(\boldsymbol{x}; \boldsymbol{A}, \boldsymbol{b}) = -\frac{1}{n} \sum_{i=1}^{n} b_i \ln(\sigma(\boldsymbol{\alpha}^{\mathrm{T}} \boldsymbol{x})) - \frac{1}{n} \sum_{i=1}^{n} (1 - b_i) \ln(1 - \sigma(\boldsymbol{\alpha}^{\mathrm{T}} \boldsymbol{x})).$$

也就是说, 可以解出

$$\min_{\boldsymbol{x} \in \mathbb{R}^d} \ell(\boldsymbol{x}; \boldsymbol{A}, \boldsymbol{b}).$$

为了使用梯度下降, 需要计算 ℓ 的梯度. 首先根据链式法则计算 σ 的导数, 即

$$\sigma'(t) = \frac{e^{-t}}{(1 + e^{-t})^2} = \frac{1}{1 + e^{-t}} \left(1 - \frac{1}{1 + e^{-t}}\right) = \sigma(t)(1 - \sigma(t)).$$

由此可知 $\sigma(t)$ 满足 logistic 微分方程. 它出现在各种应用中, 包括种群动态建模. 在这里, 这将是一种计算梯度的方法. 根据链式法则, 有

$$\nabla_{\boldsymbol{x}} \sigma(\boldsymbol{\alpha}^{\mathrm{T}} \boldsymbol{x}) = \sigma(\boldsymbol{\alpha}^{\mathrm{T}} \boldsymbol{x})(1 - \sigma(\boldsymbol{\alpha}^{\mathrm{T}} \boldsymbol{x}))\, \boldsymbol{\alpha},$$

其中下标 $\boldsymbol{x}$ 表示梯度是关于 $\boldsymbol{x}$ 的.

用同样的方法,

$$\begin{aligned}\nabla_{\boldsymbol{x}}\,\ell(\boldsymbol{x};\boldsymbol{A},\boldsymbol{b}) &= -\frac{1}{n}\sum_{i=1}^{n}\frac{b_i}{\sigma(\boldsymbol{\alpha}_i^{\mathrm{T}}\boldsymbol{x})}\nabla_{\boldsymbol{x}}\,\sigma(\boldsymbol{\alpha}_i^{\mathrm{T}}\boldsymbol{x}) + \frac{1}{n}\sum_{i=1}^{n}\frac{1-b_i}{1-\sigma(\boldsymbol{\alpha}_i^{\mathrm{T}}\boldsymbol{x})}\nabla_{\boldsymbol{x}}\,\sigma(\boldsymbol{\alpha}_i^{\mathrm{T}}\boldsymbol{x})\\ &= -\frac{1}{n}\sum_{i=1}^{n}\left(\frac{b_i}{\sigma(\boldsymbol{\alpha}_i^{\mathrm{T}}\boldsymbol{x})} - \frac{1-b_i}{1-\sigma(\boldsymbol{\alpha}_i^{\mathrm{T}}\boldsymbol{x})}\right)\sigma(\boldsymbol{\alpha}_i^{\mathrm{T}}\boldsymbol{x})(1-\sigma(\boldsymbol{\alpha}_i^{\mathrm{T}}\boldsymbol{x}))\,\boldsymbol{\alpha}_i\\ &= -\frac{1}{n}\sum_{i=1}^{n}(b_i - \sigma(\boldsymbol{\alpha}_i^{\mathrm{T}}\boldsymbol{x}))\,\boldsymbol{\alpha}_i.\end{aligned}$$

为了计算黑塞矩阵, 注意到

$$\nabla_{\boldsymbol{x}}(\sigma(\boldsymbol{\alpha}^{\mathrm{T}}\boldsymbol{x})\,\boldsymbol{\alpha}_j) = \sigma(\boldsymbol{\alpha}^{\mathrm{T}}\boldsymbol{x})(1-\sigma(\boldsymbol{\alpha}^{\mathrm{T}}\boldsymbol{x}))\,\boldsymbol{\alpha}\,\boldsymbol{\alpha}_j,$$

故

$$\nabla_{\boldsymbol{x}}(\sigma(\boldsymbol{\alpha}^{\mathrm{T}}\boldsymbol{x})\,\boldsymbol{\alpha}) = \sigma(\boldsymbol{\alpha}^{\mathrm{T}}\boldsymbol{x})(1-\sigma(\boldsymbol{\alpha}^{\mathrm{T}}\boldsymbol{x}))\,\boldsymbol{\alpha}\boldsymbol{\alpha}^{\mathrm{T}}.$$

因此

$$\nabla_{\boldsymbol{x}}^2\,\ell(\boldsymbol{x};\boldsymbol{A},\boldsymbol{b}) = \frac{1}{n}\sum_{i=1}^{n}\sigma(\boldsymbol{\alpha}_i^{\mathrm{T}}\boldsymbol{x})(1-\sigma(\boldsymbol{\alpha}_i^{\mathrm{T}}\boldsymbol{x}))\,\boldsymbol{\alpha}_i\boldsymbol{\alpha}_i^{\mathrm{T}},$$

其中 $\nabla_{\boldsymbol{x}}^2$ 表示关于 $\boldsymbol{x}$ 变量的黑塞矩阵. 现在每个 $\boldsymbol{\alpha}_i\boldsymbol{\alpha}_i^{\mathrm{T}}$ 都是对称矩阵和 PSD 的. 因此, 函数 $\ell(\boldsymbol{x};\boldsymbol{A},\boldsymbol{b})$ 作为 $\boldsymbol{x}\in\mathbb{R}^d$ 的函数是凸函数. 可以得到, 凸性是使用交叉熵损失而不是均方误差的一个原因.

更新迭代公式: 对于步长 β, 梯度下降的一步为

$$\boldsymbol{x}^{k+1} = \boldsymbol{x}^k + \beta\frac{1}{n}\sum_{i=1}^{n}(b_i - \sigma(\boldsymbol{\alpha}_i^{\mathrm{T}}\boldsymbol{x}^k))\,\boldsymbol{\alpha}_i.$$

对于梯度下降的一种变体——随机梯度下降, 在 $\{1,\cdots,n\}$ 中均匀随机地选取一个样本 I, 并更新如下:

$$\boldsymbol{x}^{k+1} = \boldsymbol{x}^k + \beta\,(b_I - \sigma(\boldsymbol{\alpha}_I^{\mathrm{T}}\boldsymbol{x}^k))\,\boldsymbol{\alpha}_I.$$

3.4 k 均 值

k 均值聚类是一种常用的矢量量化方法, 旨在将 n 个观测值划分为 k 个聚类, 其中每个观测值属于最接近均值的聚类 (聚类中心或聚类质心), 作为聚类的原型.

k 均值聚类最小化簇内方差 (平方欧几里得距离), 但不是规则的欧几里得距离. 虽然 k 均值意味着一般快速收敛到局部最优, 但在计算上是困难的. 详见图 3.11.

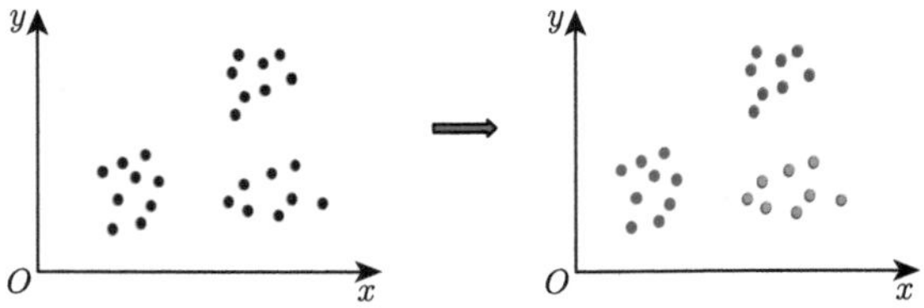

图 3.11　k 均值聚类

给定 $(x_1, x_2, \cdots, x_n)$, 其中每个观测值是一个 d 维实向量, k 均值聚类旨在将 n 个观测值划分为 $k(< n)$ 个集合 $S = \{S_1, \cdots, S_k\}$, 以便最小化簇内平方和 (within-cluster sum of squares, WCSS)(即方差), 即每个向量到其质心的距离平方对所有向量求和:

$$\mathrm{WCSS}_i = \sum_{\boldsymbol{x} \in S_i} ||\boldsymbol{x} - \mu(S_i)||^2,$$

其中 $\mu(S_i)$ 为 S_i 中各点的均值,

$$\mu(S) = \frac{1}{|S|} \sum_{\boldsymbol{x} \in S} \boldsymbol{x}.$$

目标是求出

$$\arg\min_S \sum_{i=1}^k \mathrm{WCSS}_i.$$

k 均值聚类算法:

(1) 将数据聚类到 k 组中, 其中 k 是已给定的.

(2) 随机选择 k 个点作为集群中心.

(3) 根据欧几里得距离函数将对象分配到最近的簇中心.

(4) 计算每个集群中所有对象的质心或平均值.

(5) 重复步骤 (3) 和 (4), 直到在连续的回合中为每个簇分配相同的点.

现在通过证明 $\sum_{i=1}^k \mathrm{WCSS}_i$ 在每次迭代中单调减小来证明 k 均值是收敛的. 首先, $\sum_{i=1}^k \mathrm{WCSS}_i$ 在重新分配步骤中减小, 因为每个向量都被分配到最近的质心, 所以它对 $\sum_{i=1}^k \mathrm{WCSS}_i$ 的贡献距离减小. 其次, 它在重新计算步骤中减少, 因为新的质心是向量 $\boldsymbol{v}$, 其中 WCSS_i 达到其最小值

$$\mathrm{WCSS}_i(\boldsymbol{v}) = \sum_{\boldsymbol{x}=(x_j) \in S_i} |\boldsymbol{v} - \boldsymbol{x}|^2 = \sum_{\boldsymbol{x}=(x_j) \in S_i} \sum_{j=1}^d (v_j - x_j)^2,$$

$$\frac{\partial \mathrm{WCSS}_i(\boldsymbol{v})}{\partial v_m} = \sum_{\boldsymbol{x}=(x_j)\in S_i} 2(v_m - x_m),$$

其中 x_m 和 v_m 是它们各自向量的第 m 个分量. 令偏导数为零, 可以得到

$$v_j = \frac{1}{|S_i|} \sum_{\boldsymbol{x}=(x_j)\in S_i} x_j,$$

这是质心的分量定义. 因此, 当旧质心被新质心替换时, 最小化 WCSS_i. WCSS_i 的总和也必须在重新计算期间减少.

3.5 支持向量机

支持向量机 (support vector machine, SVM) 是机器学习中的监督学习模型, 其目的是对数据进行分类和回归分析. 给定一组训练示例, 每个示例标记为两个类别之一, SVM 训练算法构建一个模型, 将新示例分配给两个类别中的一个. 支持向量机算法的目标是在高维空间中找到一个特征数量明显的超平面来对数据点进行分类. SVM 将训练样例映射到空间中的点, 使两类之间的间隙宽度最大化.

如图 3.12 所示, 得到一个形式如下的含有 n 个点的训练数据集:

$$(\boldsymbol{x}_1, y_1), \cdots, (\boldsymbol{x}_n, y_n),$$

其中 y_i 为 1 或 -1, 每个表示点 $\boldsymbol{x}_i$ 所属的类. 每个 $\boldsymbol{x}_i$ 是一个 p 维实向量. 我们想要最大化将 $y_i = 1$ 的点群 $\boldsymbol{x}_i$ 与 $y_i = -1$ 的点群分开的超平面的边距. 最大化边距有利于对新数据进行分类.

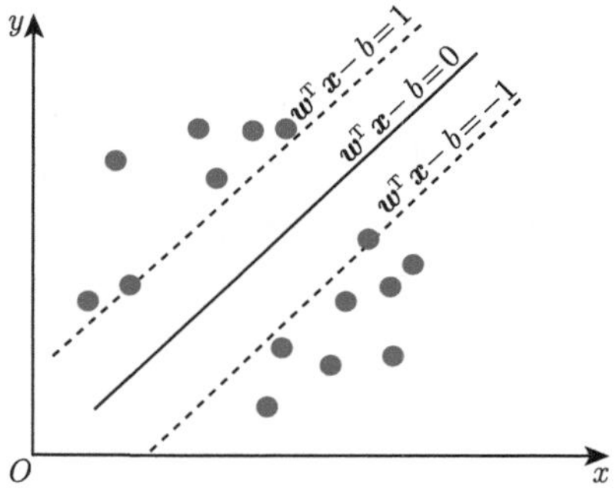

图 3.12 支持向量机

超平面可以写成满足下式的点 $\boldsymbol{x}$ 的集合:

$$\boldsymbol{w}^{\mathrm{T}}\boldsymbol{x} - b = 0,$$

其中 $\boldsymbol{w}$ 是超平面的法向量. 如果训练数据是线性可分的, 可以选择两个平行的超平面来分隔这两类数据, 使它们之间的距离尽可能大. 这两个超平面所包围的区域被称为"边缘", 最大边缘超平面是位于它们中间的超平面, 如图 3.12 所示. 对两个区域分类: 在这个边界上或以上的是一类, 标签为 1; 在这个边界上或以下的是另一类, 标签为 -1. 这两个超平面可以分别用方程来描述:

$$\boldsymbol{w}^{\mathrm{T}}\boldsymbol{x} - b = 1$$

和

$$\boldsymbol{w}^{\mathrm{T}}\boldsymbol{x} - b = -1.$$

希望所有的数据点都落在边际内, 边际可以表示为对于每个 i,

$$\boldsymbol{w}^{\mathrm{T}}\boldsymbol{x}_i - b \geqslant 1, \text{ 如果 } y_i = 1$$

或

$$\boldsymbol{w}^{\mathrm{T}}\boldsymbol{x}_i - b \leqslant -1, \text{ 如果 } y_i = -1.$$

两个约束条件加在一起, 即每个数据点必须位于边缘的正确一侧, 并且可以重写为

$$y_i(\boldsymbol{w}^{\mathrm{T}}\boldsymbol{x}_i - b) \geqslant 1, \quad 1 \leqslant i \leqslant n.$$

将这些放在一起得到优化问题. 优化的目标就是最小化

$$\min_{\boldsymbol{w},b}\left\langle \underbrace{\lambda\|\boldsymbol{w}\|^2}_{\text{正则化项}} + \underbrace{\frac{1}{n}\sum_{i=1}^{n}\max\{0, 1 - y_i(\langle \boldsymbol{w}, \boldsymbol{x}_i\rangle - b)\}}_{\text{误差项}}\right\rangle,$$

其中最小化 $\|\boldsymbol{w}\|$ 受制于 $y_i(\boldsymbol{w}^{\mathrm{T}}\boldsymbol{x}_i - b) \geqslant 1, 1 \leqslant i \leqslant n$. 上面的第一项称为正则化项, 它直接来自于边缘. 当选择两个超平面的距离为 $2/\|\boldsymbol{w}\|$ 时, 参数 λ 用于在增大边缘大小和确保 $\boldsymbol{x}_i$ 位于边缘正确一侧之间实现权衡调整.

原则上, 无约束优化问题可以用梯度下降法直接求解. 因为这个函数在 $\boldsymbol{w}$ 中是凸的, 所以可以很容易地应用梯度下降法来找到最小值. 例如, 随机梯度下降法随机选取 i, 并根据下式进行更新

$$\text{新得到的 } b = \text{原来的 } b - \beta\begin{cases} y_i, & \text{如果} \quad 1 - y_i(\boldsymbol{w}^{\mathrm{T}}\boldsymbol{x}_i - b) > 0, \\ 0, & \text{其他} \end{cases} \tag{3.5.1}$$

和

$$\text{新得到的 } \boldsymbol{w} = \text{原来的 } \boldsymbol{w} - \beta \begin{cases} 2\lambda\boldsymbol{w} - n^{-1}y_i\boldsymbol{x}_i, & \text{如果} 1 - y_i(\boldsymbol{w}^{\mathrm{T}}\boldsymbol{x}_i - b) > 0, \\ 2\lambda\boldsymbol{w}, & \text{其他}. \end{cases} \tag{3.5.2}$$

3.6 神经网络

人工神经网络是连接单元或节点层的集合, 用于松散地模拟生物大脑中的神经元. 在本节中, 将说明使用微分来训练人工神经网络以最小化代价函数.

3.6.1 数学公式

图 3.13 显示了最简单的网络. 左边的输入为 x_1 和 x_2, 右边的预测输出为 $\hat{y}$, 通过事先选择的激活函数 $\sigma(z)$ 进行修正:

$$\hat{y} = \sigma(z) = \sigma(w_1a_1 + w_2a_2 + b), \quad a_1 = x_1, \quad a_2 = x_2.$$

在神经网络中, 权重 w_i 和偏置 b 将以数值方式找到, 以便最好地预测输出与拟合给定数据.

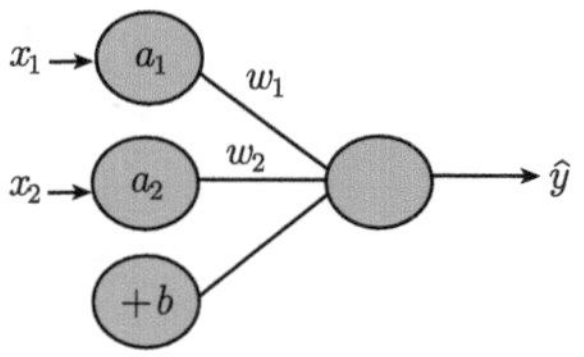

图 3.13 单层简单神经网络

图 3.14 是一个一般的神经网络. 一般的网络可能有数百或数千个节点. 它演示了神经网络的输入和输出. 输入单元接收基于内部加权系统的各种形式和结构的信息, 神经网络尝试学习输入信息并得到可靠的输出信息. 具体来说, 它根据学习规则并使用该误差值调整其加权关联. 连续的调整会使神经网络产生的输出越来越接近目标输出. 经过足够数量的调整后, 可以根据某些标准终止训练. 这就是所谓的监督学习.

现在为神经网络制定数学符号. 在图 3.15 中, 确定如何从层 $l-1$, w^l, b^l 确定层 l 的值. 将这两层标记为 $l-1$ 和 l. 还要注意, 左边层中的一般节点标记为 j, 右边层 (l 层) 中的一般节点标记为 j'. 计算第 l 层的第 j' 个节点的值. 首先, 将前一层 $(l-1)^{\mathrm{th}}$ 的第 j 个节点中的值 $a_j^{(l-1)}$ 乘以参数 $w_{j,j'}^{(l)}$, 接着添加另一个参

数 $b_{j'}^{(l)}$. 然后将层 $l-1$ 中每个节点的所有这些加起来. 令

$$z_{j'}^{(l)} = \sum_{j=1}^{J_{l-1}} w_{j,j'}^{(l)} a_j^{(l-1)} + b_{j'}^{(l)},$$

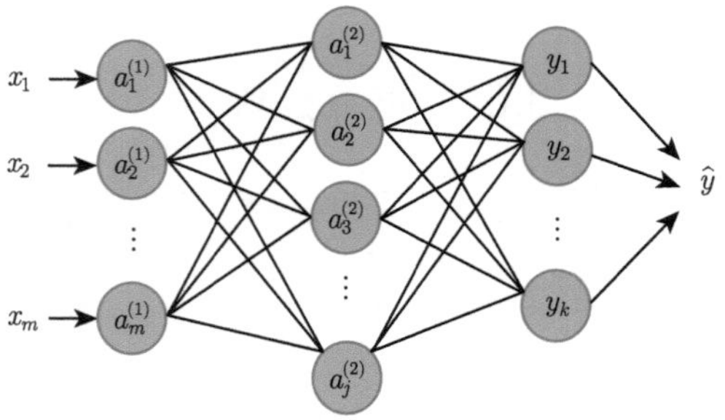

图 3.14　多层神经网络

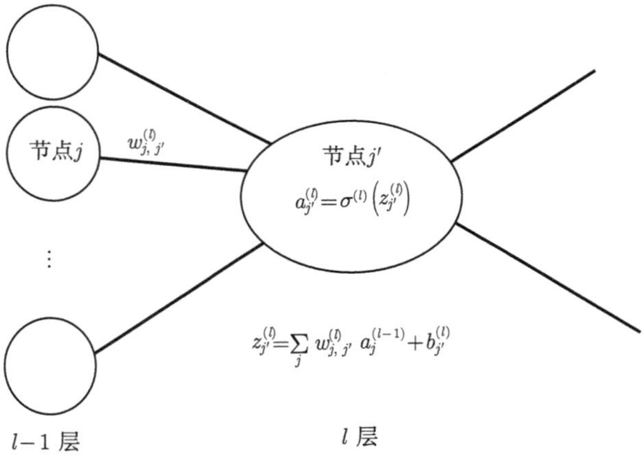

图 3.15　数学符号表示

其中 J_I 表示层 l 的节点数. 对于给定的激活函数 σ, 最终得到下一层值的以下表达式:

$$a_{j'}^{(l)} = \sigma(z_{j'}^{(l)}).$$

在矩阵形式中,

$$\boldsymbol{z}^{(l)} = \boldsymbol{W}^{(l)} \boldsymbol{a}^{(l-1)} + \boldsymbol{b}^{(l)},$$

其中矩阵 $\boldsymbol{W}^{(l)}$ 包含所有乘法参数, 即权重 $w_{j,j'}^{(l)}$ 和偏置 $\boldsymbol{b}^{(l)}$. 偏置就是线性变换中的常数, $\boldsymbol{a}^{(l)}$ 可表示为

$$\boldsymbol{a}^{(l)} = \sigma\left(\boldsymbol{z}^{(l)}\right) = \sigma\left(\boldsymbol{W}^{(l)} \boldsymbol{a}^{(l-1)} + \boldsymbol{b}^{(l)}\right). \tag{3.6.1}$$

3.6.2 激活函数

在神经网络中, 节点的激活函数根据特定目的 (例如分类) 抽象出该节点在给定输入或输入集时的输出. 在生物神经网络中, 激活函数是一种电信号, 用以表明神经元是否放电. 我们用来表示激活函数, 在同一层的所有节点中激活函数是相同的. 使用 σ 来表示激活函数. 对于一个层中的所有节点都是一样的:

$$\boldsymbol{a}^{(l)} = \sigma\left(\boldsymbol{z}^{(l)}\right) = \sigma\left(\boldsymbol{W}^{(l)}\boldsymbol{a}^{(l-1)} + \boldsymbol{b}^{(l)}\right). \tag{3.6.2}$$

在这里, 将讨论一些激活函数.

3.6.2.1 阶跃函数

$$\sigma(x) = \begin{cases} 0, & x < 0, \\ 1, & x \geqslant 0. \end{cases}$$

这也称为赫维赛德 (Heaviside) 函数或单位阶跃函数, 通常表示在指定时间打开并无限期打开的信号. 阶跃函数可用于分类问题.

3.6.2.2 ReLU 函数

正线性/ReLU 函数定义为

$$\sigma(x) = \max(0, x).$$

ReLU 代表整流线性单位. 它是最常用的激活函数之一. 信号要么原封不动地通过, 要么完全消失. 与广泛使用的激活函数相比, 它可以更好地训练更深层次的网络. 与 sigmoid 函数或类似的激活函数相比, 校正线性单元允许在大型复杂数据集上更快、更有效地训练深度神经架构.

3.6.2.3 sigmoid 函数

sigmoid 函数或逻辑函数

$$\sigma(x) = \frac{1}{1 + e^{-x}}.$$

逻辑函数在包括生物数学在内的许多领域都有应用. 逻辑 sigmoid 曲线可以用于输出层的概率预测.

3.6.2.4　softmax 函数

softmax 函数将数字向量 (K 值 (z) 的数组) 转换为概率向量, 其中每个值的概率与向量中每个值的相对比例成正比. 因此, 它是一个将几个数字转换为可能被解释为概率的数量的函数:

$$\frac{e^{z_k}}{\sum_{k=1}^{K} e^{z_k}}.$$

它通常用于神经网络的最终输出层, 特别是在分类问题中.

3.6.3　代价函数

在实践中, 可以用最小二乘来表示代价函数. 因为将有一组独立的输入数据 y^n(来自训练数据集) 和相应的输出数据 $\hat{y^n}$. k 是输出的第 k 个节点. 将代价函数定义为

$$J=\frac{1}{2}\sum_{n=1}^{N}\sum_{k=1}^{K}\left(\hat{y}_k^{(n)}-y_k^{(n)}\right)^2.$$

对于只有一个输出的分类问题, 通常用这种输出的代价函数类似于逻辑回归函数. 对于二元分类 ($y^{(n)}=0,1$), 代价函数是

$$J=-\sum_{n=1}^{N}\left(y^{(n)}\ln\left(\hat{y}^{(n)}\right)+\left(1-y^{(n)}\right)\ln\left(1-\hat{y}^{(n)}\right)\right).$$

这与交叉熵函数有关.

3.6.4　反向传播概念

反向传播 (back propagation, BP) 是神经网络训练的核心. 它是根据前一轮迭代中获得的误差率 (即损失) 微调神经网络权重的实践. 通过适当调节权重, 可以确保较低的误差率, 从而通过增加泛化能力使模型更加可靠. 希望针对参数 $\boldsymbol{W}$ 和 b 最小化成本函数 J. 为了使用梯度下降法实现这一目标, 需要计算 J 相对于每个参数的导数. 这里, 专注于层 l 中的节点 j', 以及层 $l-1$ 中的节点 j:

$$\frac{\partial J}{\partial w_{j,j'}^{(l)}} \text{ 和 } \frac{\partial J}{\partial b_{j'}^{(l)}}.$$

引入

$$\delta_{j'}^{(l)}=\frac{\partial J}{\partial z_{j'}^{(l)}}.$$

根据链式法则, 有

$$\delta_j^{(l-1)} = \frac{\partial J}{\partial z_j^{(l-1)}} = \sum_{j'} \frac{\partial J}{\partial z_{j'}^{(l)}} \frac{\partial z_{j'}^{(l)}}{\partial z_j^{(l-1)}}.$$

由此得出

$$z_{j'}^{(l)} = \sum_j w_{j,j'}^{(l)} a_j^{(l-1)} + b_{j'}^{(l)} = \sum_j w_{j,j'}^{(l)} \sigma\left(z_j^{(l-1)}\right) + b_{j'}^{(l)}.$$

此外,

$$\delta_j^{(l-1)} = \left.\frac{d\sigma}{dz}\right|_{z_j^{(l-1)}} \sum_{j'} \frac{\partial J}{\partial z_{j'}^{(l)}} w_{j,j'}^{(l)} = \left.\frac{d\sigma}{dz}\right|_{z_j^{(l-1)}} \sum_{j'} \delta_{j'}^{(l)} w_{j,j'}^{(l)}.$$

因此, 如果知道右边所有层的 δ_j, 就可以找到一层中的 δ_j. 总之, 有

$$\frac{\partial J}{\partial w_{j,j'}^{(l)}} = \frac{\partial J}{\partial z_{j'}^{(l)}} \frac{\partial z_{j'}^{(l)}}{\partial w_{j,j'}^{(l)}} = \delta_{j'}^{(l)} a_j^{(l-1)}.$$

现在, 代价函数 J 对 w_s 的偏导数可以写成 δ_s 的形式, 它反过来又从右边更接近输出的网络层反向传播. 易得代价函数对偏置 b 的导数

$$\frac{\partial J}{\partial b_{j'}^{(l)}} = \delta_{j'}^{(l)}.$$

很明显, J 的导数依赖于使用的激活函数. 如果是 ReLU, 那么导数要么为 0, 要么为 1. 如果使用逻辑函数, 那么 $\sigma'(z) = \sigma(1-\sigma)$.

3.6.5 反向传播算法

从上面的分析, 可以很容易地推导出如下的反向传播算法. 首先, 初始化权重和偏差, 这通常是随机的. 然后选取输入数据, 将向量 $\boldsymbol{x}$ 输入到网络的左侧, 计算所有的 z_s, a_s 等. 最后计算输出 $\hat{y}$. 现在可以通过 (随机) 梯度下降来更新参数. 重复此过程, 直到达到所需的精度. 例如, 如果在一维中使用二次代价函数, 则

$$\delta^{(L)} = \left.\frac{d\sigma}{dz}\right|_{z_j^{(L)}} (\hat{y} - y).$$

继续推导,

$$\delta_j^{(l-1)} = \left.\frac{d\sigma}{dz}\right|_{z_j^{(l-1)}} \sum_j \delta_{j'}^{(l)} w_{j,j'}^{(l)}.$$

然后使用以下公式更新权重和偏差:

$$\text{新得到的 } w_{j,j'}^{(l)} = \text{原来的 } w_{j,j'}^{(l)} - \beta \frac{\partial J}{\partial w_{j,j'}^{(l)}} = \text{原来的 } w_{j,j'}^{(l)} - \beta \delta_{j'}^{(l)} a_j^{(l-1)}$$

和

$$\text{新得到的 } b_{j'}^{(l)} = \text{原来的 } b_{j'}^{(l)} - \beta \frac{\partial J}{\partial b_{j'}^{(l)}} = \text{原来的 } b_{j'}^{(l)} - \beta \delta_{j'}^{(l)}.$$

3.7 习　　题

1. 证明下列函数在整个实数域上是连续的, 并且求出 $f'(x)$.

$$f(x) = \begin{cases} x^2 \sin(1/x), & \text{如果 } x \neq 0, \\ 0, & \text{如果 } x = 0. \end{cases}$$

2. 假设有以下数据集:

$$(2,3), (3,3), (3,4), (5,4), (5,6), (6,5), (8,7), (7,9), (10,8), (11,7).$$

使用 k 均值算法, 将数据集分成 $k = 3$ 类. 假设初始聚类中心为 $(3,3), (6,5), (8,7)$, 求经过一轮迭代后的新的聚类中心和每个样本的类别.

第 4 章　网络分析

在本章中, 我们简要介绍了网络的图模型. 网络分析在数据分析中至关重要, 主要因为社交网络产生了大量数据, 且许多数据本身就具有网络结构. 引入网络结构的一种简单方法是分析变量之间的相关性, 并构建相关性网络, 这是一种广泛应用的数据挖掘方法, 常用于研究基于变量间成对相关性的生物网络.

网络可以通过图形化的方式进行建模, 通常称为社交图. 在网络中, 个体被视为节点, 如果两个节点之间存在定义网络的关系, 则它们通过边相连. 近年来, 社交媒体的爆炸性增长吸引了数百万终端用户, 形成了拥有数百万节点和数十亿边的社交图, 这些节点和边反映了个体之间的交互和关系.

网络通常展现出固有集群的社区结构. 由于其在在线社交网络中的朋友推荐、链接预测和协同过滤等方面的广泛应用, 检测集群或社区成为网络分析中的关键任务之一. 从图论的角度来看, 聚类和社区检测的本质是识别一组节点, 这些节点之间的连接强度高于组外节点. 考虑到现代网络的规模和复杂性, 这些网络中的聚类和社区检测面临着诸多挑战.

社区 (集群) 在从网络中获取大数据集的时空内部信息方面至关重要. 空间距离通常用来描述社区 (集群) 之间的网络连接强度, 而非单个节点之间的连接强度. 因此, 良好的聚类结果能够有效捕捉网络数据集中的关键特征.

在本章中, 我们将讨论在线社交网络的图模型和聚类技术. 尽管存在多种聚类算法, 如 k 均值聚类, 但本书将重点介绍谱聚类分析, 因为在线社交网络数据具有图结构. 本章的部分内容基于作者关于美国类似流感疾病的设计与分析方面的研究论文 [10].

4.1　图　模　型

本节先简要回顾图中常用的一些符号. 任何图都由一组对象 (称为节点) 以及这些节点之间的连接 (称为边) 组成. 图 G 是一个二元组 $G(V,E)$, 其中 $V=\{v_1,v_2,\cdots,v_n\}$ 表示节点的集合, $E=\{e_1,e_2,\cdots,e_m\}$ 表示边的集合, 集合的大小通常用 $m=|E|$ 表示. 边也由其端点 (节点) 表示, 因此 $e(v_1,v_2)$ 或 (v_1,v_2) 定义了节点 v_1 和 v_2 之间的一条边. 如果一个节点可以连接到另一个节点, 而反之不行, 则称这个边是有方向的. 当边有方向时, $e(v_1,v_2)$ 与 $e(v_2,v_1)$ 是不同的. 当

边无方向时, 节点在两个方向上都是连接的, 这样的边称为无向边. 有向边的图称为有向图, 而无向边的图称为无向图. 混合图既包含有向边也包含无向边.

一系列由不同节点和边组成的边序列, 如 $e_1(v_1,v_2), e_2(v_2,v_3), e_3(v_3,v_4), \cdots, e_i(v_i,v_{i+1})$, 称为路径. 闭合的路径称为环. 路径或环的长度是路径或环中遍历的边的数量. 在有向图中, 只计算有向路径, 因为边的遍历只允许在边的方向上进行. 对于连通图, 任意一对节点之间可能存在多条路径. 在网络分析中, 我们通常关注的是长度最短的路径. 这条路径称为最短路径. 最短路径也将用作网络建模中的距离度量. 节点的邻域概念可以通过最短路径进行推广. 节点 v_i 的 n 跳邻域是距离节点 v_i 在 n 跳以内的节点集合.

图中节点的度是指与该节点相连的边的数量, 在图的研究中起着重要作用. 对于有向图, 有两种类型的度: ① 入度 (指向节点的边); ② 出度 (从节点发出的边). 在网络中, 连接最多的节点具有最高的中心度. 度中心性衡量了节点的相对重要性. 通常认为拥有更多人际关系的节点比那些人际关系较少的节点更重要. 入度中心性反映了节点的流行度以及其重要性或声望, 而出度中心性则体现了节点的群居性. 对于社交媒体, 度代表每个给定用户的朋友数量. 在 Facebook (脸书) 上, 节点的度代表朋友的数量. 在 Twitter(推特) 上, 节点的入度和出度分别表示关注者和被关注者的数量.

一个具有 n 个节点的图可以由一个 $n\times n$ 的邻接矩阵来表示. 在邻接矩阵中, 如果第 i 行第 j 列的值为 1, 则表示节点 v_i 和 v_j 之间存在连接, 而值为 0 则表示这两个节点之间没有连接. 在更一般的情况下, 任何实数都可以表示两个节点之间连接的强度. 在有向图中, i 和 j 之间可以存在两条边 (一条从 i 到 j, 另一条从 j 到 i), 而在无向图中, i 和 j 之间只能存在一条边. 因此, 有向图的邻接矩阵通常不是对称的, 而无向图的邻接矩阵是对称的 ($\boldsymbol{A}=\boldsymbol{A}^{\mathrm{T}}$). 在社交媒体中, 存在许多有向和无向网络. 例如, Facebook 是一个无向网络, 而 Twitter 是一个有向网络.

考虑一个加权图 $G=(V,E)$, 其中有 n 个顶点和 m 条边, 每条边连接顶点 i,j 并带有权重 E_{ij}. 图的邻接矩阵 $\boldsymbol{M}$ 定义为: 如果存在边 $\{i,j\}$, 则 $M_{ij}=E_{ij}$, 否则 $M_{ij}=0$. 图 G 的拉普拉斯矩阵 $\boldsymbol{L}$ 是一个 $n\times n$ 的对称矩阵, 每行每列对应一个顶点, 满足以下条件:

$$L_{ij}=\begin{cases}\displaystyle\sum_k E_{ik}, & i=j,\\ -E_{ij}, & i\neq j, \text{且 } v_i \text{ 与 } v_j \text{ 相邻},\\ 0, & \text{其他}.\end{cases}$$

此外, G 的一个 $n\times m$ 关联矩阵, 记为 $\boldsymbol{I}_G$, 每个顶点占一行, 每条边占一列.

$\boldsymbol{I}_G$ 的边 $\{i,j\}$ 对应的第 i 项和第 j 项分别是 $\sqrt{E_{ij}}$ 和 $-\sqrt{E_{ij}}$, 其余的为 0,

对应的列邻接矩阵可以有效地描述一个图, 以下是两个示例.

例 4.1.1 如图 4.1, 其邻接矩阵为

$$\boldsymbol{A}=\begin{pmatrix}0&1&0\\1&0&1\\0&1&0\end{pmatrix}. \tag{4.1.1}$$

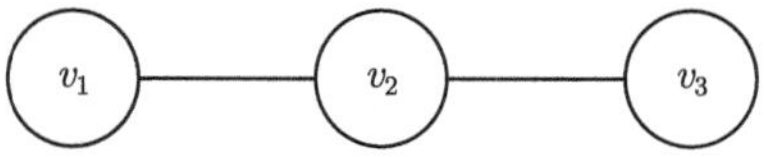

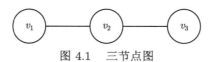

图 4.1 三节点图

通过将每个节点的对应度数乘以向量 $\boldsymbol{c}$ 可以有效地描述每个节点的重要性.

$$\lambda\boldsymbol{c}=\boldsymbol{A}\boldsymbol{c},$$

即

$$(\boldsymbol{A}-\lambda\boldsymbol{E})\boldsymbol{c}=\boldsymbol{0}.$$

假设 $\boldsymbol{c}=(u_1,\ u_2,\ u_3)^{\mathrm{T}}$,

$$\begin{pmatrix}0-\lambda&1&0\\1&0-\lambda&1\\0&1&0-\lambda\end{pmatrix}\begin{pmatrix}u_1\\u_2\\u_3\end{pmatrix}=\begin{pmatrix}0\\0\\0\end{pmatrix}.$$

因为 $\boldsymbol{c}\neq(0,\ 0,\ 0)^{\mathrm{T}}$, 矩阵 $\boldsymbol{A}$ 的特征方程为

$$\det(\boldsymbol{A}-\lambda\boldsymbol{E})=\begin{vmatrix}0-\lambda&1&0\\1&0-\lambda&1\\0&1&0-\lambda\end{vmatrix}=0,$$

等价于

$$-\lambda(\lambda^2-1)(-1)-\lambda=2\lambda-\lambda^3=\lambda(2-\lambda^2)=0.$$

因此, 特征值是 $-\sqrt{2},0,\sqrt{2}$. 所计算的最大特征值是 $\sqrt{2}$, 其对应的特征向量为

$$\begin{pmatrix}0-\sqrt{2}&1&0\\1&0-\sqrt{2}&1\\0&1&0-\sqrt{2}\end{pmatrix}\begin{pmatrix}u_1\\u_2\\u_3\end{pmatrix}=\begin{pmatrix}0\\0\\0\end{pmatrix}.$$

假定向量 $\boldsymbol{c}$ 的范数为 1, 则它的解是

$$\boldsymbol{c}=\begin{pmatrix} u_1 \\ u_2 \\ u_3 \end{pmatrix}=\begin{pmatrix} 1/2 \\ \sqrt{2}/2 \\ 1/2 \end{pmatrix},$$

即图 4.1 中的节点 v_2 是最中心的节点, 而节点 v_1 和 v_3 具有相同的中心性值.

例 4.1.2　图 4.2 的邻接矩阵

$$\boldsymbol{A}=\begin{pmatrix} 0 & e_1 & e_2 & e_3 \\ e_1 & 0 & 0 & 0 \\ e_2 & 0 & 0 & 0 \\ e_3 & 0 & 0 & 0 \end{pmatrix},$$

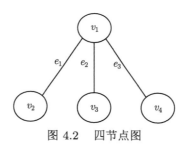

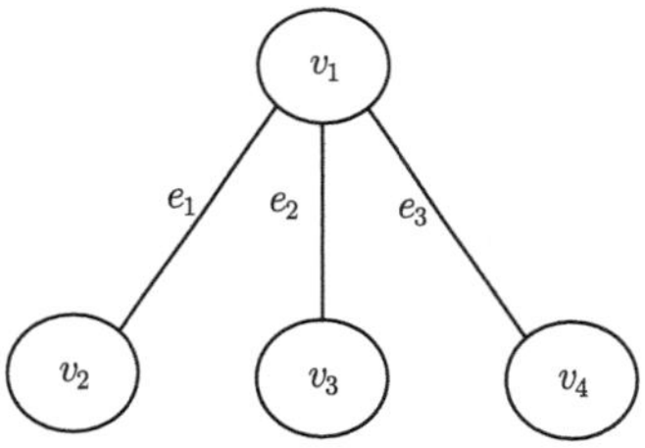

图 4.2　四节点图

其拉普拉斯矩阵为

$$\boldsymbol{L}=\begin{pmatrix} e_1+e_2+e_3 & -e_1 & -e_2 & -e_3 \\ -e_1 & e_1 & 0 & 0 \\ -e_2 & 0 & e_2 & 0 \\ -e_3 & 0 & 0 & e_3 \end{pmatrix},$$

其关联矩阵为

$$\boldsymbol{I}_G=\begin{pmatrix} \sqrt{e_1} & -\sqrt{e_2} & -\sqrt{e_3} \\ -\sqrt{e_1} & 0 & 0 \\ 0 & \sqrt{e_2} & 0 \\ 0 & 0 & \sqrt{e_3} \end{pmatrix}.$$

$\boldsymbol{L}$ 是半正定的, 可以分解为 $\boldsymbol{I}_G$ 及其转置的乘积.

$$\begin{aligned}\boldsymbol{L}&=\boldsymbol{I}_G\cdot\boldsymbol{I}_G^{\mathrm{T}}\\&=\begin{pmatrix}\sqrt{e_1}&-\sqrt{e_2}&-\sqrt{e_3}\\-\sqrt{e_1}&0&0\\0&\sqrt{e_2}&0\\0&0&\sqrt{e_3}\end{pmatrix}\begin{pmatrix}\sqrt{e_1}&-\sqrt{e_1}&0&0\\-\sqrt{e_2}&0&\sqrt{e_2}&0\\-\sqrt{e_3}&0&0&\sqrt{e_3}\end{pmatrix}.\end{aligned}$$

注意

$$\boldsymbol{L}\boldsymbol{e}=\boldsymbol{0},\quad 若\ \boldsymbol{e}=\begin{pmatrix}1\\1\\1\\1\end{pmatrix}.$$

给定

$$\boldsymbol{x}=\begin{pmatrix}x_1\\x_2\\x_3\\x_4\end{pmatrix},$$

很容易得到

$$\boldsymbol{I}_G^{\mathrm{T}}\boldsymbol{x}=\begin{pmatrix}\sqrt{e_1}&-\sqrt{e_1}&0&0\\-\sqrt{e_2}&0&\sqrt{e_2}&0\\-\sqrt{e_3}&0&0&\sqrt{e_3}\end{pmatrix}\begin{pmatrix}x_1\\x_2\\x_3\\x_4\end{pmatrix}=\begin{pmatrix}(x_1-x_2)\sqrt{e_1}\\(x_3-x_1)\sqrt{e_2}\\(x_4-x_1)\sqrt{e_3}\end{pmatrix}.$$

因此,

$$\begin{aligned}\boldsymbol{x}^{\mathrm{T}}\boldsymbol{L}\boldsymbol{x}&=\boldsymbol{x}^{\mathrm{T}}\boldsymbol{I}_G\boldsymbol{I}_G^{\mathrm{T}}\boldsymbol{x}=(\boldsymbol{I}_G^{\mathrm{T}}\boldsymbol{x})^{\mathrm{T}}\cdot(\boldsymbol{I}_G^{\mathrm{T}}\boldsymbol{x})\\&=\begin{pmatrix}(x_1-x_2)\sqrt{e_1},(x_3-x_1)\sqrt{e_2},(x_4-x_1)\sqrt{e_3}\end{pmatrix}\begin{pmatrix}(x_1-x_2)\sqrt{e_1}\\(x_3-x_1)\sqrt{e_2}\\(x_4-x_1)\sqrt{e_3}\end{pmatrix}\\&=(x_1-x_2)^2e_1+(x_3-x_1)^2e_2+(x_4-x_1)^2e_3\\&=\sum_{(i,j)\in E}E_{ij}(x_i-x_j)^2.\end{aligned}$$

总结上述例子, $\boldsymbol{L}$ 具有以下性质 [11].

定理 4.1.3 拉普拉斯矩阵 $\boldsymbol{L}$ 具有下列性质:

(1) $\boldsymbol{L}=\boldsymbol{D}-\boldsymbol{A}$, 其中 $\boldsymbol{A}$ 是邻接矩阵, $\boldsymbol{D}$ 是对角矩阵且 $D_{ii}=\sum_k E_{ik}$.

(2) $\boldsymbol{L}=\boldsymbol{I}_G\boldsymbol{I}_G^{\mathrm{T}}$.

(3) $\boldsymbol{L}$ 是对称半正定的. $\boldsymbol{L}$ 的所有特征值是实数且非负的, 此外 $\boldsymbol{L}$ 具有 n 个线性无关的实特征向量, 并且这些特征向量构成一个正交向量集.

(4) 设 $\boldsymbol{e}=(1,\cdots,1)^{\mathrm{T}}$. 则 $\boldsymbol{Le}=\boldsymbol{0}$. 因此 0 是最小的特征值并且 $\boldsymbol{e}$ 是相应的特征向量.

(5) 如果图 G 有 c 连通分支, 则 $\boldsymbol{L}$ 有 c 个特征值为 0.

(6) 对于任意向量 $\boldsymbol{x}$, $\boldsymbol{x}^{\mathrm{T}}\boldsymbol{Lx}=\sum_{\{i,j\}\in E}E_{ij}(x_i-x_j)^2$.

(7) 对于任意向量 $\boldsymbol{x}$ 和标量 α,β, $(\alpha\boldsymbol{x}+\beta\boldsymbol{e})^{\mathrm{T}}\boldsymbol{L}(\alpha\boldsymbol{x}+\beta\boldsymbol{e})=\alpha^2\boldsymbol{x}^{\mathrm{T}}\boldsymbol{Lx}$.

(8) 问题

$$\min_{\boldsymbol{x}\neq\boldsymbol{0}}\boldsymbol{x}^{\mathrm{T}}\boldsymbol{Lx},\quad \text{约束条件为 } \boldsymbol{x}^{\mathrm{T}}\boldsymbol{x}=1,\ \boldsymbol{x}^{\mathrm{T}}\boldsymbol{e}=0, \tag{4.1.2}$$

当 $\boldsymbol{x}$ 是对应于特征值问题的第二小特征值 (费德勒 (Fiedler) 向量) λ_2 的特征向量时, 得以解决

$$\boldsymbol{Lx}=\lambda\boldsymbol{x}. \tag{4.1.3}$$

前六个性质可以通过计算验证, 如例 4.1.2 中所示. 特别地, 性质 (5) 基于以下知识, 如果一个图具有多个连通分支, 则 $\boldsymbol{L}$ 可以被重排成若干块, 每个块都有一个第一特征值为零的拉普拉斯矩阵. 性质 (7) 可由性质 (4) 推导而来. 定理 4.1.3 的最后一个性质源于以下结果, 该结果在许多优化问题中同样具有重要应用价值.

定理 4.1.4 (库朗–费希尔 (Courant-Fischer) 定理) 设 $\boldsymbol{A}$ 是 $n\times n$ 的对称矩阵, $\boldsymbol{A}$ 可正交对角化, 即 $\boldsymbol{A}=\boldsymbol{PDP}^{-1}$. $\boldsymbol{P}$ 的列是 $\boldsymbol{A}$ 的正交化特征向量 $\boldsymbol{v}_1,\cdots,\boldsymbol{v}_n$. 假设 $\boldsymbol{D}$ 的对角线排列成 $\lambda_1\leqslant\lambda_2\leqslant\cdots\leqslant\lambda_n$. 设 S_k 是 $\boldsymbol{v}_1,\cdots,\boldsymbol{v}_k$ 的跨度和 $S_k^{\perp}$ 表示 S_k 的正交补. 那么

$$\min_{\boldsymbol{x}\neq\boldsymbol{0},\,\boldsymbol{x}\in S_{k-1}^{\perp}}\frac{\boldsymbol{x}^{\mathrm{T}}\boldsymbol{Ax}}{\boldsymbol{x}^{\mathrm{T}}\boldsymbol{x}}=\lambda_k.$$

当 $k=2$ 时, $S_1^{\perp}$ 是所有使下式成立 $\boldsymbol{x}$ 的空间

$$\boldsymbol{x}\perp\boldsymbol{v}_1,\ \text{或}\ \boldsymbol{v}_1^{\mathrm{T}}\cdot\boldsymbol{x}=0,$$

这表明以下结果.

推论 4.1.5 设 $\boldsymbol{A}$ 是 $n\times n$ 的对称矩阵, $\boldsymbol{A}$ 可正交对角化, $\boldsymbol{A}=\boldsymbol{PDP}^{-1}$. $\boldsymbol{P}$ 的列是 $\boldsymbol{A}$ 的正交化特征向量 $\boldsymbol{v}_1,\cdots,\boldsymbol{v}_n$. 假定 $\boldsymbol{D}$ 的对角线排列成 $\lambda_1\leqslant\lambda_2\leqslant$

$\cdots \leqslant \lambda_n$. 那么

$$\min_{\boldsymbol{x}\neq\boldsymbol{0},\,\boldsymbol{x}^{\mathrm{T}}\boldsymbol{v}_1=0}\frac{\boldsymbol{x}^{\mathrm{T}}\boldsymbol{A}\boldsymbol{x}}{\boldsymbol{x}^{\mathrm{T}}\boldsymbol{x}}=\lambda_2.$$

证明 基于假设, 有

$$\boldsymbol{A}=\boldsymbol{P}\begin{pmatrix}\lambda_1 & & \\ & \ddots & \\ & & \lambda_n\end{pmatrix}\boldsymbol{P}^{\mathrm{T}},$$

并且

$$\boldsymbol{P}=(\boldsymbol{v}_1,\cdots,\boldsymbol{v}_n).$$

重新排列这些条件得到

$$\boldsymbol{P}^{\mathrm{T}}\boldsymbol{A}\boldsymbol{P}=\begin{pmatrix}\lambda_1 & & \\ & \ddots & \\ & & \lambda_n\end{pmatrix}.$$

此外, 注意

$$\boldsymbol{A}\boldsymbol{v}_i=\lambda_i\boldsymbol{v}_i,$$

$$\boldsymbol{x}=\boldsymbol{P}\boldsymbol{y}$$

和

$$\sum x_i^2=\sum y_i^2.$$

现在取任意 $\boldsymbol{x}$, 使得 $\boldsymbol{x}\in S_{k-1}^{\perp}$, 且 $\boldsymbol{v}_i^{\mathrm{T}}\cdot\boldsymbol{x}=0$, 当 $i=1,\cdots,k-1$ 时,

$$\boldsymbol{y}=\boldsymbol{P}^{\mathrm{T}}\boldsymbol{x}=\begin{pmatrix}\boldsymbol{v}_1^{\mathrm{T}}\\ \vdots\\ \boldsymbol{v}_n^{\mathrm{T}}\end{pmatrix}\boldsymbol{x}=\begin{pmatrix}\boldsymbol{v}_1^{\mathrm{T}}\cdot\boldsymbol{x}\\ \vdots\\ \boldsymbol{v}_n^{\mathrm{T}}\cdot\boldsymbol{x}\end{pmatrix},$$

则

$$\frac{\boldsymbol{x}^{\mathrm{T}}\boldsymbol{A}\boldsymbol{x}}{\sum x_i^2}=\frac{\lambda_k y_k^2+\cdots+\lambda_n y_n^2}{\sum y_i^2}\geqslant\lambda_k.$$

特别地, 当 $y_1=0,\cdots,y_{k-1}=0,y_k=1,y_{k+1}=0,\cdots,y_n=0$ 时, $\dfrac{\boldsymbol{x}^{\mathrm{T}}\boldsymbol{A}\boldsymbol{x}}{\sum x_i^2}=\lambda_k$.

4.2　谱图二分类

谱图二分类的目的是找出一个划分, 使割 (两个不相交的节点集之间的边的总数) 最小. 对于赋权图 $G = (V, E)$, 将 V 分割为两个不相交的图 V_1 和 V_2 $(V_1 \cup V_2 = V)$, 它们之间的割可以定义为

$$\mathrm{cut}(V_1, V_2) = \sum_{i \in V_1, j \in V_2} M_{ij}. \tag{4.2.1}$$

割的定义可以很容易地扩展到 k 个顶点子集

$$\mathrm{cut}(V_1, V_2, \cdots, V_k) = \sum_{i<j} \mathrm{cut}(V_i, V_j). \tag{4.2.2}$$

经典的图二分问题是寻找几乎相等的顶点子集 V_1, V_2 来划分整个顶点集 V, 使得分割$(V_1^*, V_2^*) = \min_{V_1, V_2} \mathrm{cut}(V_1, V_2)$. 为此, 定义捕获该割法的划分向量 $\boldsymbol{p}$:

$$p_i = \begin{cases} +1, & i \in V_1, \\ -1, & i \in V_2. \end{cases} \tag{4.2.3}$$

这种分割可以通过瑞利 (Rayleigh) 商进行如下描述.

引理 4.2.1　给定 G 的拉普拉斯矩阵 $\boldsymbol{L}$ 和一个分拆向量 $\boldsymbol{p}$, 则瑞利商

$$\frac{\boldsymbol{p}^{\mathrm{T}} \boldsymbol{L} \boldsymbol{p}}{\boldsymbol{p}^{\mathrm{T}} \boldsymbol{p}} = \frac{1}{n} \cdot 4\mathrm{cut}(V_1, V_2). \tag{4.2.4}$$

证明　利用拉普拉斯矩阵的性质, 可以简单地证明这一结果. 特别地, 基于定理 4.1.3(6),

$$\boldsymbol{p}^{\mathrm{T}} \boldsymbol{L} \boldsymbol{p} = \sum_{\{i,j\}\ \text{在同一组中}} E_{ij}(p_i - p_j)^2 + \sum_{\{i,j\}\ \text{不在同一组中}} E_{ij}(p_i - p_j)^2,$$

则

$$\boldsymbol{p}^{\mathrm{T}} \boldsymbol{L} \boldsymbol{p} = 0 + \sum_{\{i,j\}\ \text{在同一组中}} E_{ij}(p_i - p_j)^2 = 4\mathrm{cut}(V_1, V_2).$$

注意 $\boldsymbol{p}^{\mathrm{T}} \boldsymbol{p} = n$, 然后得出结论. 结论表明, 分割的最小化可以用具有某个分配向量 (p_i) 的瑞利商来表示, 其值可以是 -1 或 1.

在实际应用中, 还需要一个目标函数来平衡切割. 这样的目标函数可以表示如下. 定义一个对角矩阵 $\boldsymbol{W}$, 其中 w_{ii} 是每个顶点 i 的权重. 对于顶点 V_l, 将其权重定义为权重 $W_{V_l} = \sum_{i\in V_l} w_{ii}$. 现在通过这样一种方式来平衡子集 V_1 和 V_2, 即最小化下面的目标函数 $Q(V_1, V_2)$:

$$Q(V_1,V_2)=\frac{\text{cut}(V_1,V_2)}{W_{V_1}}+\frac{\text{cut}(V_1,V_2)}{W_{V_2}}. \tag{4.2.5}$$

最小化 $Q(V_1, V_2)$ 有利于得到较小的分割值和更平衡的分区, 因为对于相同分割值的两个不同分区, 目标函数值在更平衡的分区中会较小.

目标函数可以用广义分拆向量 $\boldsymbol{q}$ 的瑞利商来刻画. 回想一下, $\boldsymbol{L}$ 的所有特征值都是非负实数; 0 是 $\boldsymbol{L}$ 的最小特征值. 对于给定的图 G, 设 $\boldsymbol{L}$ 和 $\boldsymbol{W}$ 分别是它的拉普拉斯矩阵和点权矩阵. 设 $\boldsymbol{e}=(1,\cdots,1)^{\mathrm{T}}$, $\nu_1=W_{V_1}$, $\nu_2=W_{V_2}$, 则下列结果成立.

定理 4.2.2 序列化分区向量 $\boldsymbol{q}=(q_i)$,

$$q_i=\begin{cases}\sqrt{\nu_2/\nu_1}, & i\in V_1,\\ -\sqrt{\nu_1/\nu_2}, & i\in V_2,\end{cases} \tag{4.2.6}$$

满足下列公式:

$$\boldsymbol{q}^{\mathrm{T}}\boldsymbol{W}\boldsymbol{e}=0,\quad \boldsymbol{q}^{\mathrm{T}}\boldsymbol{W}\boldsymbol{q}=\nu_1+\nu_2, \tag{4.2.7}$$

$$\frac{\boldsymbol{q}^{\mathrm{T}}\boldsymbol{L}\boldsymbol{q}}{\boldsymbol{q}^{\mathrm{T}}\boldsymbol{W}\boldsymbol{q}}=\frac{\text{cut}(V_1,V_2)}{\nu_1}+\frac{\text{cut}(V_1,V_2)}{\nu_2}, \tag{4.2.8}$$

$$\min_{\boldsymbol{q}\neq\boldsymbol{0}}\frac{\boldsymbol{q}^{\mathrm{T}}\boldsymbol{L}\boldsymbol{q}}{\boldsymbol{q}^{\mathrm{T}}\boldsymbol{W}\boldsymbol{q}}, \text{约束条件为}\ \boldsymbol{q}^{\mathrm{T}}\boldsymbol{W}\boldsymbol{e}=0. \tag{4.2.9}$$

当 $\boldsymbol{q}$ 是对应于广义特征值问题的第二小特征 λ_2 的特征向量时,

$$\boldsymbol{L}\boldsymbol{x}=\lambda\boldsymbol{W}\boldsymbol{x}. \tag{4.2.10}$$

定理 4.2.2 的证明可以通过以下方法实现.

证明 设 $\boldsymbol{y}=\boldsymbol{W}\boldsymbol{e}$, $y_i=w_{ii}$,

$$\begin{aligned}\boldsymbol{q}^{\mathrm{T}}\boldsymbol{W}\boldsymbol{e}&=\sqrt{\nu_2/\nu_1}\sum_{i\in V_1}w(i)-\sqrt{\nu_1/\nu_2}\sum_{i\in V_2}w(i)\\&=\sqrt{\nu_2/\nu_1}\cdot\nu_1-\sqrt{\nu_1/\nu_2}\cdot\nu_2\\&=\sqrt{\nu_1\nu_2}-\sqrt{\nu_1\nu_2}\\&=0,\end{aligned}$$

$$
\begin{aligned}
\boldsymbol{q}^{\mathrm{T}}\boldsymbol{W}\boldsymbol{q} &= \sum_{i=1}^{n} w_{ii}q_i^2 \\
&= \sum_{i\in V_1} w_{ii}\left(\sqrt{\nu_2/\nu_1}\right)^2 + \sum_{i\in V_2} w_{ii}\left(\sqrt{\nu_1/\nu_2}\right)^2 \\
&= \nu_2/\nu_1\cdot\nu_1 + \nu_1/\nu_2\cdot\nu_2 \\
&= \nu_2+\nu_1 \\
&= \mathrm{weight}(V).
\end{aligned}
$$

如果已知 $\boldsymbol{q}$ 和 $\boldsymbol{e}$ 的每个分量, 就可以很容易地验证

$$
\boldsymbol{q} = \frac{\nu_1+\nu_2}{2\sqrt{\nu_1\nu_2}}\boldsymbol{p} + \frac{\nu_2-\nu_1}{2\sqrt{\nu_1\nu_2}}\boldsymbol{e}.
$$

定理的第二个性质可基于定理 4.1.3 进行推导

$$
\begin{aligned}
\boldsymbol{q}^{\mathrm{T}}\boldsymbol{L}\boldsymbol{q} &= \frac{(\nu_1+\nu_2)^2}{4\nu_1\nu_2}\boldsymbol{p}^{\mathrm{T}}\boldsymbol{L}\boldsymbol{p} \\
&= \frac{(\nu_1+\nu_2)^2}{4\nu_1\nu_2}\cdot 4\mathrm{cut}(V_1,V_2).
\end{aligned}
$$

因此

$$
\begin{aligned}
\frac{\boldsymbol{q}^{\mathrm{T}}\boldsymbol{L}\boldsymbol{q}}{\boldsymbol{q}^{\mathrm{T}}\boldsymbol{W}\boldsymbol{q}} &= \frac{1}{\nu_1+\nu_2}\frac{(\nu_1+\nu_2)^2}{4\nu_1\nu_2}\cdot 4\mathrm{cut}(V_1,V_2) \\
&= \frac{\nu_1+\nu_2}{\nu_1\nu_2}\cdot\mathrm{cut}(V_1,V_2).
\end{aligned}
$$

因为

$$
\boldsymbol{L}\boldsymbol{x} = \lambda\boldsymbol{W}\boldsymbol{x},
$$

进行以下转换,

$$
\boldsymbol{W}^{-1/2}\boldsymbol{L}\boldsymbol{x} = \lambda\boldsymbol{W}^{1/2}\boldsymbol{x},
$$

$$
\boldsymbol{W}^{-1/2}\boldsymbol{L}\boldsymbol{W}^{-1/2}\boldsymbol{W}^{1/2}\boldsymbol{x} = \lambda\boldsymbol{W}^{1/2}\boldsymbol{x}.
$$

设 $\widetilde{\boldsymbol{L}} = \boldsymbol{W}^{-1/2}\boldsymbol{L}\boldsymbol{W}^{-1/2}$ 和 $\boldsymbol{u} = \boldsymbol{W}^{1/2}\boldsymbol{x}$, 新的方程是

$$
\widetilde{\boldsymbol{L}}\boldsymbol{u} = \lambda\boldsymbol{u}.
$$

因为 $\boldsymbol{W}^{1/2}\boldsymbol{q}=\boldsymbol{V}$. 公式如下

$$\frac{\boldsymbol{q}^{\mathrm{T}}\boldsymbol{L}\boldsymbol{q}}{\boldsymbol{q}^{\mathrm{T}}\boldsymbol{W}\boldsymbol{q}}=\frac{\boldsymbol{q}^{\mathrm{T}}\boldsymbol{W}^{1/2}\widetilde{\boldsymbol{L}}\boldsymbol{W}^{1/2}\boldsymbol{q}}{\boldsymbol{q}^{\mathrm{T}}\boldsymbol{W}^{1/2}\boldsymbol{W}^{1/2}\boldsymbol{q}}=\frac{\boldsymbol{V}^{\mathrm{T}}\widetilde{\boldsymbol{L}}\boldsymbol{V}}{\boldsymbol{V}^{\mathrm{T}}\dot{\boldsymbol{V}}}$$

和

$$\boldsymbol{q}^{\mathrm{T}}\boldsymbol{W}\boldsymbol{e}=(\boldsymbol{W}^{1/2}\boldsymbol{q})^{\mathrm{T}}\boldsymbol{W}^{1/2}\boldsymbol{e}=\boldsymbol{V}^{\mathrm{T}}\boldsymbol{W}^{1/2}\boldsymbol{e}=0.$$

此外,

$$\boldsymbol{L}\boldsymbol{e}=0\Rightarrow \boldsymbol{L}\boldsymbol{W}^{-1/2}\boldsymbol{W}^{1/2}\boldsymbol{e}=0\Rightarrow \boldsymbol{W}^{-1/2}\boldsymbol{L}\boldsymbol{W}^{-1/2}\boldsymbol{W}^{1/2}\boldsymbol{e}=0.$$

$$\widetilde{\boldsymbol{L}}\boldsymbol{W}^{1/2}\boldsymbol{e}=0.$$

这表明 0 是 $\widetilde{L}$ 的特征值, 对应的特征向量是 $\boldsymbol{W}^{1/2}\boldsymbol{e}$. 利用推论 4.1.5 可证明定理的第三条.

现在为所有顶点 i 设 weight $(i)=1$, 可得比率割的目标函数,

$$\text{比率割}(V_1,V_2)=\frac{\operatorname{cut}(V_1,V_2)}{|V_1|}+\frac{\operatorname{cut}(V_1,V_2)}{|V_2|}. \tag{4.2.11}$$

一种常用的方法是利用顶点权重矩阵 $\boldsymbol{W}=\operatorname{diag}(w_{ii})$, 其中 w_{ii} 是被选择与节点 i 关联的边的权重之和, 即 $w_{ii}=\sum_k E_{ik}$. 这种顶点权重的选择方式导致了归一化割准则的出现. 注意, 对于顶点权重的这种选择, 顶点权重矩阵 $\boldsymbol{W}$ 等于度矩阵 $\boldsymbol{D}$, 并且权重

$$\sum_{j\in V_i} w_{jj}=\operatorname{cut}(V_1,V_2)+\operatorname{within}(V_i).$$

对于 $i=1,2$, 其中 (V_i) 是 V_i 中具有两个端点的边的权重之和, 则归一化割目标函数可以表示为

$$\text{归一化割}(V_1,V_2)=\frac{\operatorname{cut}(V_1,V_2)}{\sum\limits_{i\in V_1} w_{ii}}+\frac{\operatorname{cut}(V_1,V_2)}{\sum\limits_{i\in V_2} w_{ii}}=2-S(V_1,V_2), \tag{4.2.12}$$

其中 $S(V_1,V_2)=\operatorname{within}(V_1)/\sum_{i\in V_1} w_{ii}+\operatorname{within}(V_2)/\sum_{i\in V_2} w_{ii}$. 注意, $S(V_1,V_2)$ 描述了每个分区内的关联强度. 因此, 最小化归一化割是在保持图分割平衡的同时, 最大化每个分区内部边权重的比例.

为了阐释这两种切割方法, 让我们通过两个具体的例子来进行说明.

例 4.2.3 两个常用的方式是比率割和归一化割. 设 $\pi=(C_1,C_2,\cdots,C_k)$ 是满足 $C_i\cap C_j=\varnothing$ 和 $\bigcup_{i=1}^k C_i=V$ 的图划分, 比率割和归一化割分别定义为

$$\text{比率割}(\pi)=\sum_{i=1}^k\frac{\text{cut}(C_i,\bar{C}_i)}{|C_i|},\tag{4.2.13}$$

$$\text{归一化割}(\pi)=\sum_{i=1}^k\frac{\text{cut}(C_i,\bar{C}_i)}{\text{vol}(C_i)},\tag{4.2.14}$$

其中 $\bar{C}_i$ 是 C_i 的补集, $\text{vol}(C_i)=\sum_{j\in C_i}d_j$, 其中 d_j 是节点 j 的次数. 这两个目标均致力于最小化社区间的连接边数, 同时避免了对诸如孤立个体这样的小型社区的偏好.

如图 4.3 所示, 两组节点 1, 2, 3, 4 和 5, 6, 7, 8, 9 通过粗虚线分割, 其中 $C_1=\{9\}$ 和 $C_2=\{1,2,3,4,5,6,7,8\}$. 设此分区表示为 π_1. 它遵循 $\text{cut}\left(C_i,\bar{C}_i\right)=1$, $|C_1|=1$, $|C_2|=8$, $\text{vol}(C_1)=1$ 和 $\text{vol}(C_2)=27$. 因此,

$$\text{比率割}(\pi_1)=\frac{1}{1}+\frac{1}{8}\approx 1.13,$$

$$\text{归一化割}(\pi_1)=\frac{1}{1}+\frac{1}{27}\approx 1.04.$$

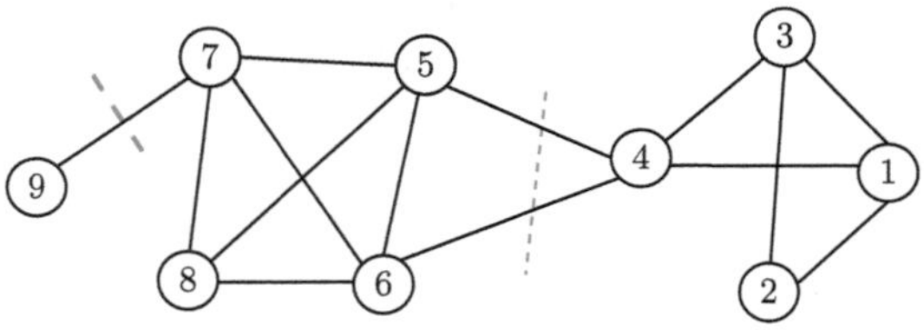

图 4.3 图的两种不同分割

现在, 对于另一个更平衡的分区 π_2 (细虚线), 其中 $C_1=\{1,2,3,4\}$ 和 $C_2=\{5,6,7,8,9\}$, 有

$$C_1=\{1,2,3,4\}.$$

$$\text{比率割}(\pi_2)=\frac{2}{4}+\frac{2}{5}=0.9<\text{比率割}(\pi_1),$$

$$\text{归一化割}(\pi_2)=\frac{2}{12}+\frac{2}{16}\approx 0.3<\text{归一化割}(\pi_1).$$

虽然分区 π_1 的切割较小, 但基于比率割或归一化割, 分区 π_2 是优选的.

4.3 网 络 嵌 入

为了使用偏微分方程模拟在线社会网络中的信息扩散, 必须将相应的图嵌入到欧氏空间中. 对于给定的图 $G(V, E)$, 定理 4.1.3(6) 包括下列关系:

$$\boldsymbol{x}^{\mathrm{T}}\boldsymbol{L}\boldsymbol{x} = \sum_{\{i,j\}\in E} E_{ij}(x_i - x_j)^2.$$

设 $\boldsymbol{x}$ 是一个向量, $\boldsymbol{L}$ 是拉普拉斯矩阵, 而 E_{ij} 是连接节点 i, j 的权重. 如果将 $\boldsymbol{x} = (x_i)$ 解释为一条线上的位置, 那么定理 4.1.3(7) 表明, 费德勒向量 (即对应于第二大特征值的特征向量), 可以作为特定的 (x_i) 将加权图映射到一条线上, 从而使得相连的节点尽可能接近 [12]. 在节点数量较少的图中, 采用这种节点嵌入方法是可行的. 然而, 对于节点数量较多的图, 则需要应用聚类算法, 以识别有意义的群体或聚类. 在这种情况下, 可以将聚类视为新图中的一个节点, 其中两个聚类之间的边强度是两个聚类之间所有权重的总和. 因此, 这种方法可以用于将聚类嵌入到一维空间中, 如图 4.4 所示.

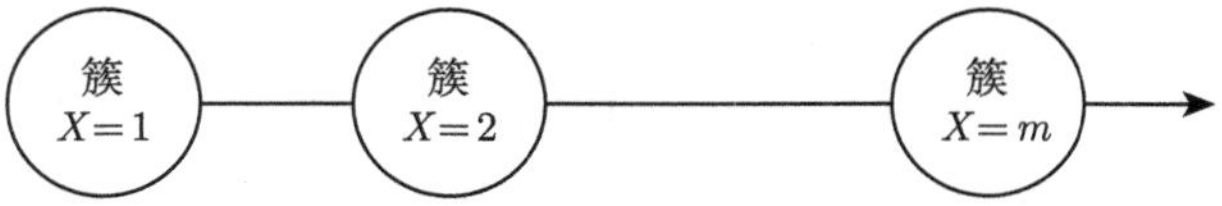

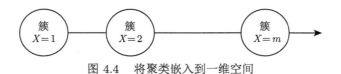

图 4.4 将聚类嵌入到一维空间

此外, 可以选择与特定聚类技术相关的其他有效的方法. 假设将用户群体 U 划分为 m 组, 即 $U = \{U_1, U_2, \cdots, U_i, \cdots, U_m\}$. 如果聚类是基于从源点到用户的最短友谊跳数, 则组 U_x 包含与源点距离均为 x 的用户, 其中 m 表示用户到源点 s 的最大距离. 对于基于友谊跳数的划分, 这些聚类将自然形成空间排列. 根据与源点的距离对 U_i 进行排列. 对于基于共同兴趣的划分, 可以根据用户的共同兴趣对 U_i 进行排列. 对于一般的聚类划分, U_i 的空间排列可以基于特定的建模目标以及底层网络的社会或地理特征. 在文献 [13, 14] 中, 使用民主程度、侨民规模、国际经济关系或地理接近度来对 U_i 进行排序. 在这里, 选择每个聚类之间的增量为 1, 但可以根据具体情况进行调整. 遵循文献 [15] 的方法, 使用 x 表示社会距离, 并在位置 x 嵌入密度 U_x.

若计划探讨多个因素或通信渠道下的扩散过程, 可以将图嵌入到高维空间 $\mathbb{R}^n$ 中, 如图 4.5 所示. 对于高维映射, 使用拉普拉斯矩阵的更多特征向量来最小化 $\boldsymbol{x}^{\mathrm{T}}\boldsymbol{L}\boldsymbol{x}$, 以确保连接的节点尽可能接近.

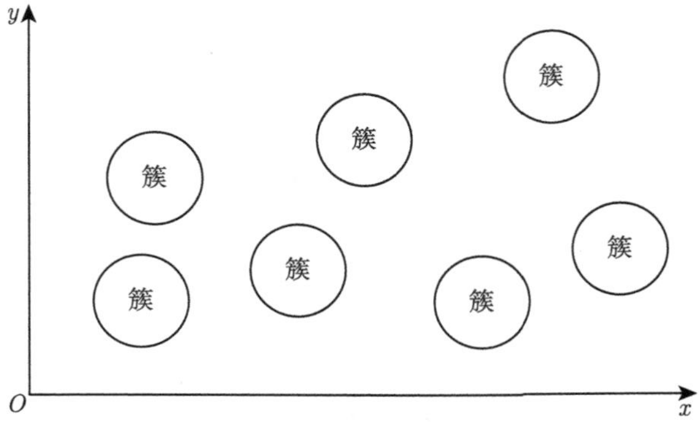

图 4.5 两个通信通道 A 和 B 在高维欧几里得空间中的嵌入

4.4 基于网络的流感预测

流感对公共卫生构成了重大威胁, 2009 年的甲型 H1N1 流感大流行便是一个例证, 此次疫情造成全球超 20 万人死亡. 在潜伏期内, 预测疾病的时空信息至关重要, 其主要目的是为准备应对措施提供指导，进而避免疾病的大规模流行. 在本节中, 设计并分析了一个基于潜在时间和空间信息的流感样疾病 (influenza-like illness, ILI) 预测系统. 在该系统中: ①采用多元多项式回归来研究 ILI 数据的空间分布; ②使用延迟坐标嵌入重构的相空间来探索一维 ILI 序列的动态演化行为; ③提出了一种动态径向基函数神经网络 (dynamic radial basis function neural network, DRBFNN) 方法. 作为该系统的核心, 基于观测空间和重构相空间之间的相关性来预测 ILI 值. 系统性能分析表明, 结合空间分布信息的回归方程可用于补充缺失数据, 而所提出的 DRBFNN 方法可预测未来一年内 ILI 的趋势. 本节内容基于作者关于美国流感样疾病设计与分析的论文 [10].

4.4.1 流感及其预测的背景

流感是一种具有高度传染性的呼吸道疾病, 过去 300 年间全球大约发生了 10 次流感大流行 [16]. 学者普遍认为的第一次流感大流行发生在 1580 年. 最大规模的流感大流行, 即著名的 “西班牙流感”, 发生在 1918 年至 1919 年间, 导致 2000 万至 4000 万人死亡, 超过了第一次世界大战的死亡人数, 在所有传染病死亡人数中排名第一 [17,18]. 流感不仅会导致大量人口发病和死亡, 尤其是在易感人群中 [19], 还会给国家带来巨大的经济损失和社会负担. 仅在美国, 流感大流行风险造成的年度经济损失预计就高达约 5000 亿美元 [20]. 因此, 研究流感的趋势具有重要意义. 流感样疾病又称急性呼吸道感染和流感样综合征/症状, 是一种医学诊断, 它可能是由流感病毒引起, 也可能是其他导致一系列相似症状的疾病所造成的. 美国疾病控制与预防中心 (Centers for Disease Control, CDC) 将 ILI 定义为"发热(体温达到或超过 100°F [37.8°C]) 伴有咳嗽或喉咙痛, 且没有其他已知原因, 除了流感".

CDC 通过收集医生报告的信息, 持续监测美国人口中 ILI 的流行水平, 这些报告记录了寻求医疗救治并表现出 ILI 症状的患者百分比. 报告表明, 患有潜在健康问题的成年人更有可能患有 ILI, 但大多数人没有及时寻求治疗, 错过了早期流感抗病毒治疗的机会 [21]. 此外, 通过准确预测流感暴发并采取预防措施, 如学校停课 [22], 可以最大限度地减少流感的影响. 然而, 由于手动数据收集和复杂的报告流程造成的延迟 (至少 7 到 14 天), CDC 无法及时反映最新的发展和进程.

在过去的十年里, 为了在美国 CDC 报告发布之前估算 ILI 活动水平, 研究者们进行了许多尝试. Polgreen 等使用了互联网搜索流感监测的频率, 这种方法可以在流感发生前提供 1—3 周的预警时间 [23]. 谷歌流感趋势 (Google flu trends, GFT) 是一个备受认可的数字疾病检测系统, 在早期阶段展现出了惊人的准确性, 其准确率高达 97% [24], 但其在多个 ILI 高发期 (2011—2013) 出现的不准确性引发了人们对这些数据实用性的质疑 [25, 26]. 这促使人们开始使用其他在线搜索引擎, 如 Twitter [27—29]、Wikipedia (维基百科) [30, 31] 和社交媒体流 [32—34] 来提供关于 ILI 活动的信息. 此外, 为了分析和预测流感样疾病, 近年来还引入了 SIR 模型、SEIR 模型以及离散时间 SEIR 模型 [35—37] 等数学模型.

为了实现疾病的早期暴发检测, 研究人员采用了多种数学方法和机器学习模型来处理不同来源的数据. Ginsberg 等 [24] 应用了 Google 流感趋势来估计当前的流感活动, 并及时地预测了 H1N1 的传播. GFT 的工作原理基于这样一个假设: 如果一个人患有流感, 那么他或她很可能会在互联网上搜索与流感相关的信息. 通过提取与流感相关的搜索引擎关键词, 如"感冒""喉咙痛""发烧"和其他疾病症状, 并分析这些数据, 可以估计出地区性的流感流行趋势. 因此, Google 一度被认为是预测流感趋势的有效工具. 然而, 《自然》杂志上发表的一篇题为《当 Google 误报流感》[25] 的文章报道指出, GFT 高估了美国流感活动的峰值. GFT 预测的 ILI 诊所就诊人数是 CDC 预测的两倍. 而《科学》杂志上的论文 [26] 指出, 这种高估是由大数据傲慢和算法动态引起的. 大数据在改善公共卫生方面具有巨大潜力, 但如果缺乏足够的背景信息, 这些数据可能会产生误导.

由于 GFT 在 2011—2013 年准确性的下降, GFT 团队不再发布当前估计. 这促进了其他在线搜索引擎的使用和机器学习算法的设计. McIver 和 Brownstein [30] 开发了一个基于 Wikipedia 的泊松模型, 该模型能够准确估计美国人口的 ILI 活动水平, 比 CDC 提前两周. Lee 等 [32] 提出了一个与流感相关的 Twitter 数据为输入的模型, 并通过多层感知器反向传播算法预测了美国人口中每周 ILI

的百分比. 该模型可以高精度预测当前和未来的流感活动, 比传统的流感监测系统提前 2—3 周. Santillana 等 [33] 使用了一个基于多个数据源的自回归模型, 包括 Google 搜索、Twitter、微博、近乎实时的医院就诊记录和来自参与式监测系统的数据, 以增强流感监测. 他们利用每个数据源的信息, 生成了一系列准确的每周流感样疾病预测, 比 CDC 发布 ILI 报告提前了 4 周. Wang 等 [28] 开发了一个原型系统, 通过 Twitter 数据流自动收集、分析和建模流感趋势. 他们还提出了一个动态时空数学模型来预测未来的 Twitter 指示性流感病例:

$$\frac{\partial u}{\partial t}=\frac{\partial(ae^{-bx}\cdot\partial u/\partial x)}{\partial x}+r(t)u\left[h(x)-\frac{u}{K}\right],$$

其中 $u=u(x,t)$ 表示在时间 t 时地区 x 的流感病例密度, $\partial u/\partial t$ 为 u 随时间变化的变化率, $\partial[ae^{-bx}\cdot(\partial u/\partial x)]/\partial x$ 表示流感在某一地区内的传播, $\partial u/\partial x$ 代表 u 在不同地区之间的变化率, 而 $r(t)u[h(x)-u/K]$ 则表示流感在不同地区之间的传播. 这个偏微分方程模型具有实际意义, 因为它能够在空间和时间两个维度上进行疾病传播的预测. 然而, 尚缺乏该模型与 CDC 数据的详细比较及对偏微分方程模型性质的分析. Xue 等 [34] 利用 GFT 数据和 CDC 数据建立了五种回归模型, 以预测和评估美国 10 个地区的流感活动. 这些模型包括 GFT 回归模型 (模型 a)、加权 GFT 回归模型 (模型 b)、CDC 回归模型 (模型 c)、加权 CDC 回归模型 (模型 d) 和 GFT-CDC 回归模型 (模型 e):

$$\begin{aligned}
&\mathrm{a}:\mathrm{ILI}_{i,t}=\sum_{k=1}^{P}\chi_k X_{i,t-k}+\tau_t,\\
&\mathrm{b}:\mathrm{ILI}_{i,t}=\beta_1 X_{i,t}+\sum_{j\neq i,j=1}^{N}\lambda_j\omega_{i,j}X_{j,t}+\nu_t,\\
&\mathrm{c}:\mathrm{ILI}_{i,t}=\sum_{k=1}^{P}\alpha_k\mathrm{ILI}_{i,t-k}+\varepsilon_t,\\
&\mathrm{d}:\mathrm{ILI}_{i,t}=\sum_{k=1}^{P}\beta_k\mathrm{ILI}_{i,t-k}+\sum_{j\neq i,j=1}^{N}\lambda_j\omega_{i,j}\mathrm{ILI}_{j,t}+\theta_t,\\
&\mathrm{e}:\mathrm{ILI}_{i,t}=\sum_{k=1}^{P}\mu_k\mathrm{ILI}_{i,t-k}+\sum_{m=1}^{P}\delta_m X_{i,t-m}+\sigma_t.
\end{aligned}$$

其中 $\mathrm{ILI}_{i,t}$ 表示地区 i 在第 t 周的 CDC 报告的 ILI 数量; $X_{i,t}$ 表示地区 i 在第 t 周的 GFT 报告的 ILI 数量; P 是自变量 $X_{i,t-k}$ 的滞后阶数; N 是地区的数量; $\omega_{i,j}$ 是地区 i 和地区 j 之间关系的权重; χ_k, α_k, β_k, μ_k, δ_m 和 λ_j 是模型的系

数; τ_t, ν_t, ε_t, θ_t 和 σ_t 是模型在第 t 周的残差. 这些模型引入了滞后变量, 并在预测中采用了多元回归方法. 通过应用最小二乘法以及人工神经网络, 包括反向传播 (back propagation, BP) 算法和反向传播–遗传算法 (back propagation-genetic algorithm, BP-GA), 研究人员拟合了模型参数, 并比较了不同模型的预测准确性. 研究结果显示, 采用季节性 GFT 结合 CDC 回归模型能够准确预测未来 16 周的流感活动.

在理论分析中, 研究人员采用了传播动力学模型, 如 SIR 模型 [35]、SEIR 模型 [36] 和离散时间 SEIR 模型 [37], 来描述疾病的传播. 在上述模型中, 参数和变量通过实时观测和集中调整卡尔曼 (Kalman) 滤波器进行迭代优化. 同时, 模型还估计了关键的流行病学参数, 包括人群易感性、基本再生数、攻击率和感染期. 此外, 研究还分析了动态系统的渐近稳定性. 这些关键的流行病学参数以及系统的稳定性对于准确描述疾病传播过程以及制定有效的预防和控制策略至关重要. 依据先前的研究工作 [38], 低维时间序列的预测可以通过定义在多重观测空间 X 到动态演化相空间 $Y = \Phi(X)$ 的相关函数 Φ 来实现. 当函数 Φ 建立后, 可以针对目标变量的未知值进行预测.

受工业过程中异常检测系统的设计与分析启发 [39,40], 本章旨在设计一个基于多变量观测和动态演化行为的预测系统. 我们提出使用人工神经网络 (artificial neural network, ANN) 方法来建立相关函数 Φ. 该系统不仅利用 CDC 汇总的 ILI 数据提前预测未来的流感活动, 还通过多变量回归分析探索不同变量 (不同地区的 ILI 数据) 之间的相关性.

4.4.2 基于空间网络的数据分析

在本节中, 首先列出 CDC 收集的加权 ILI 数据, 并给出与预测系统相对应的一些定义. 然后, 通过多元回归分析这些数据的空间分布信息. 结合空间分布信息的回归方程可用于补充目标地区中缺失的数据. 此外, 本节还包括了回归系数的敏感性和相关性分析, 以揭示不同地区之间的隐藏关系.

4.4.2.1 数据收集

在美国, CDC 记录了出现 ILI 症状并寻求医疗关注的人数. 该机构的网站 http://gis.cdc.gov/grasp/fluview/fluportaldashboard.html 提供了新数据和历史数据, 其中通过 ILInet 可以获得国家、地区和州级的 ILI 数据. 从该网站获得从 2010 年到 2018 年十个地区 (由卫生与公共服务部定义) 的加权 ILI 的每周数据集. 本书用地区 1—10(后续图表中标记为 Rg 1—Rg 10) 分别代表波士顿、纽约市、华盛顿特区、亚特兰大、芝加哥、达拉斯、堪萨斯城、丹佛、旧金山、西雅图这 10 个地区, 并绘制了加权 ILI 数据集在时间和空间维度上的等高线图, 见图 4.6.

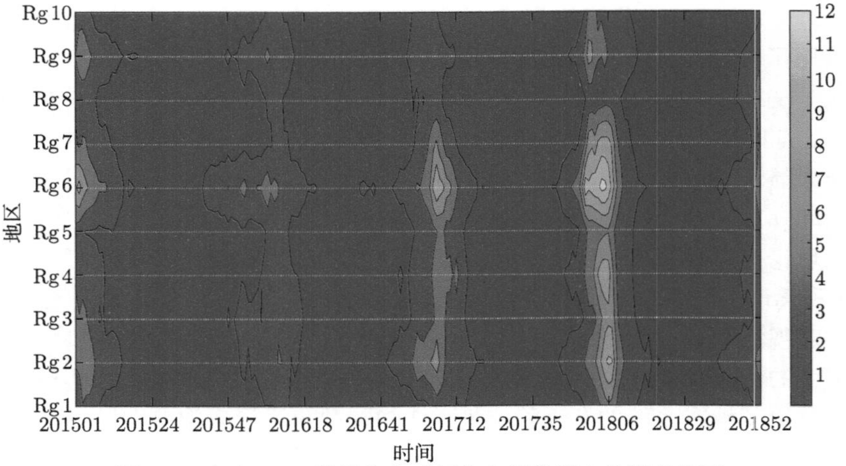

图 4.6　加权 ILT 数据集在时间和空间维度上的等高线图

注: 201501 表示 2015 年第 1 周, 以此类推

从等高线图中, 可以清晰地观察到 ILI 的暴发大致是周期性的, 即在时间维度上是季节性的. 每年冬天 ILI 的发病率达到高峰. 然而, 不同地区 ILI 的发病率存在差异, 收集的地区 6 数据相对较高. 另一方面, 从时间和空间层面提取的 ILI 动态演化和扩散信息有助于准确预测其暴发.

为了准确预测 ILI 的暴发, 对 ILI 的时间和空间进行统计分析至关重要. 由于收集的是从 2010 年第 1 周到 2018 年第 52 周 (共 469 周) 的每周数据, 因此可以将周定义为时间变量. 也就是说, 时间变量的变化范围是从 1 到 469. 此外, 每年冬天 ILI 的发病率达到高峰. 为了方便提取时间分布的信息, 将每年第 30 周设为一段的起点, 下一年第 29 周设为终点.

4.4.2.2　空间网络的回归模型

对于加权 ILI 的空间分布信息, 目标是识别一个地区与其他地区之间的相互关系, 然后建立回归方程. 根据回归方程, 研究人员可以补充目标地区中缺失的数据. 此外, 回归方程还可以帮助研究 ILI 在不同地区之间的传播和扩散. 这里, 简单地将地区 i 的回归方程视为线性的,

$$\hat{x}_i = c_0 + c_t \times 周 + \sum_{j=1, j\neq i}^{10} c_j \times x_j, \tag{4.4.1}$$

其中, x_i 是地区 i 的加权, c_0, c_t 和 c_j 是相应的回归系数. 然后, 回归的性能通过皮尔逊相关系数来衡量. 变量 x_i 和 $\hat{x}_i$ 之间的皮尔逊相关系数定义为

$$\mathrm{Cor}(x_i, \hat{x}_i) = \frac{\mathrm{Cov}(x_i, \hat{x}_i)}{\sqrt{\mathrm{Var}(x_i)\mathrm{Var}(\hat{x}_i)}}, \tag{4.4.2}$$

其中, $\mathrm{Cov}(x_i, \hat{x}_i)$ 是 x_i 与 $\hat{x}_i$ 之间的协方差, $\mathrm{Var}(x_i)$ 是 x_i 的方差, $\mathrm{Var}(\hat{x}_i)$ 是 $\hat{x}_i$ 的方差. 每个地区的回归系数见表 4.1.

表 4.1 各地区加权 ILI 的回归系数

回归系数	地区									
	Rg 1	Rg 2	Rg 3	Rg 4	Rg 5	Rg 6	Rg 7	Rg 8	Rg 9	Rg 10
c_0	−0.35	0.07	0.40	0.15	0.02	−0.23	−0.51	−0.03	1.41	−0.46
c_t	8E−4	2E−3	−7E−4	−8E−4	6E−4	2E−3	−8E−4	−2E−4	−2E−3	3E−4
c_1		0.89	0.36	−0.18	−0.01	0.09	0.18	0.02	0.25	−0.12
c_2	0.26		0.06	0.14	−0.03	−0.08	0.09	−0.04	−4E−3	0.10
c_3	0.26	0.16		0.36	0.19	−0.20	−0.09	0.27	−0.13	−0.11
c_4	−0.10	0.28	0.28		0.22	0.66	0.16	−0.26	−0.03	0.07
c_5	−0.02	−0.16	0.39	0.58		0.41	0.45	0.27	−0.04	0.01
c_6	0.02	−0.06	−0.05	0.23	0.05		0.14	0.06	0.08	−0.03
c_7	0.10	0.17	−0.06	0.16	0.16	0.39		0.09	−4E−3	0.15
c_8	0.03	−0.20	0.55	−0.68	0.26	0.45	0.26		0.36	0.30
c_9	0.14	−0.01	−0.10	−0.03	−0.02	0.24	−5E−3	0.14		0.42
c_{10}	−0.11	0.31	−0.12	0.11	0.01	−0.12	0.24	0.17	0.65	
Cor	0.933	0.928	0.955	0.959	0.972	0.952	0.965	0.949	0.921	0.932

回归系数的正值意味着对应地区与指定地区正相关, 负值表示负相关. 系数值的大小反映了相关性的强度. 以地区 6 为例, Cor 值等于 0.952, 这意味着地区 6 的原始值可以通过回归方程很好地拟合 (见图 4.7(a)). 然而一些系数如周、c_1 和 c_2 并不显著, 这意味着时间变量、地区 1 和地区 2 对地区 6 的影响相对较小 (见表 4.1).

此外, 本章还提出了参数敏感性分析, 以研究参数变化对模型输出的影响. 从数学上讲, 敏感性系数是模型输出相对于模型参数的一阶偏导.

$$S_i = \frac{\partial y_i}{\partial p} = \lim_{\Delta p \to 0} \frac{y_i(p + \Delta p) - y_i(p)}{\Delta p}, \tag{4.4.3}$$

其中, y_i 是第 i 个模型输出, p 是模型输入参数. 本章中使用敏感性指数 (sensitivity index, SI), 它是通过取偏导数有限差分近似的平均值来计算的:

$$\mathrm{SI} = \frac{1}{N}\sum_{i=1}^{N}\frac{y_i(p+\Delta p)-y_i(p)}{\Delta p}. \tag{4.4.4}$$

回顾回归模型, $y_i = c_0 + c_t \times 周 + \sum_j c_j \times x_j^i$. 如果改变变量 x_k (即地区 k 的加权 ILI), 则

$$\begin{aligned}
\mathrm{SI}^k(c) &= \frac{1}{N}\sum_{i=1}^{N}\frac{y_i(x+\Delta x_k^i)-y_i(x)}{\Delta x_k^i}\\
&= \frac{1}{N}\sum_{i=1}^{N}\frac{\sum\limits_j c_j \times (x_j^i + \Delta x_k^i) - \sum\limits_j c_j \times x_j^i}{\Delta x_k^i}\\
&= \frac{1}{N}\sum_{i=1}^{N} c_k\\
&= \bar{c}_k.
\end{aligned}$$

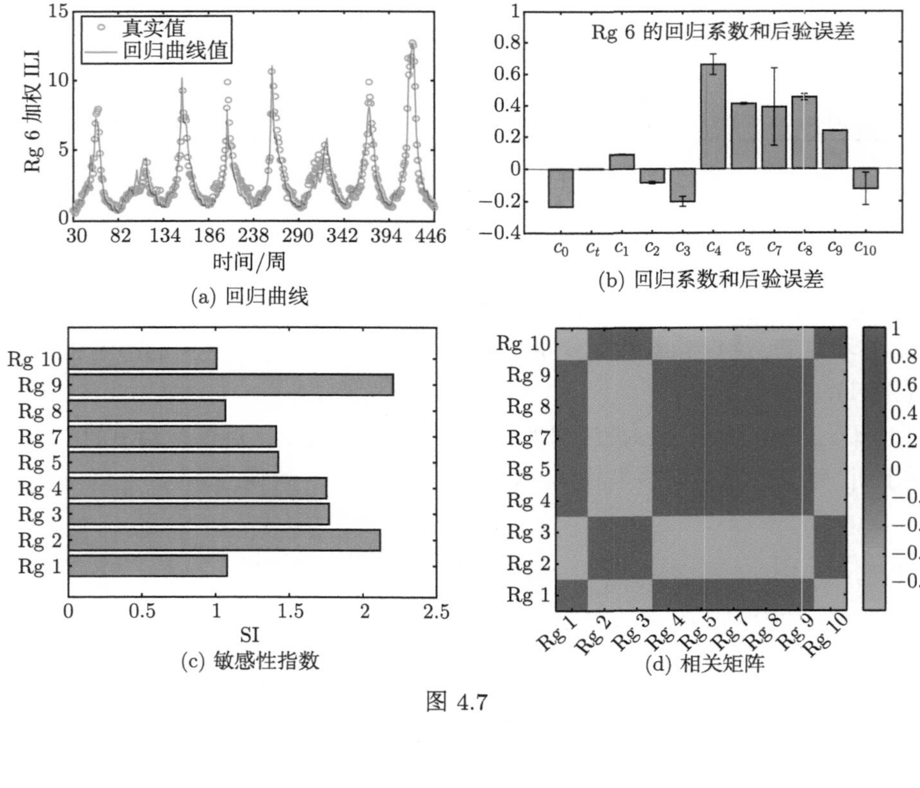

(a) 回归曲线　(b) 回归系数和后验误差　(c) 敏感性指数　(d) 相关矩阵

图 4.7

敏感性指数 $\mathrm{SI}^k(c)$ 是对回归系数 c_k 的后验估计, 而后验误差定义为 $c_k - \mathrm{SI}^k(c)$. 关于地区 6 回归模型的回归系数及其后验误差如图 4.7(b) 所示. 如果改变回归系数 c_k, 则

$$\begin{aligned}\mathrm{SI}^k(x) &= \frac{1}{N}\sum_{i=1}^{N}\frac{y_i(c+\Delta c_k^i)-y_i(c)}{\Delta c_k^i}\\&= \frac{1}{N}\sum_{i=1}^{N}\frac{\displaystyle\sum_j (c_j^i+\Delta c_k^i)\times x_j-\sum_j c_j\times x_j^i}{\Delta c_k^i}\\&= \frac{1}{N}\sum_{i=1}^{N}x_k\\&= \bar{x}_k.\end{aligned}$$

$\mathrm{SI}^k(x)$ 反映了地区 x_k 中加权 ILI 的平均幅度. 也就是说, y_i 相对于 c_k 的敏感性指数表示 x_k 在回归中占主导地位. 图 4.7 (c) 显示了地区 6 相对于各个地区的回归模型的 SI 值.

对应于地区 6 的回归模型的相关矩阵 (见图 4.7 (d)) 给出了两个集群. 一个由地区 2、地区 3 和地区 10 组成; 另一个由地区 1、地区 4、地区 5、地区 7、地区 8 和地区 9 组成. 这显示了集群内部存在强烈的正相关, 但两个集群之间存在强烈的负相关. 这表明, 对于地区 6 而言, 不同集群中的 ILI 传播和扩散方式可能不同. 集群之间的负相关表明在扩散过程中存在竞争. 在某种程度上, 集群的结构和相关性有助于在未来的工作中进一步探索不同地区之间的空间信息.

从获得的回归系数 (见表 4.1) 中, 选择每个目标地区相关的前两个主导地区来构建网络. 以地区 6 为例, 与 "Rg 6" 相关的前两个主导地区是地区 4 和地区 8, 它们与 "Rg 6" 之间关系的权重分别为 0.66 和 0.45.

在网络中, 每个地区都被视为一个节点, 而相关的地区则通过加权边相互连接. 网络中的集群是根据不同地区在回归方程中对目标地区的贡献来选择的. 因此, 所得到的网络在一定程度上反映了由回归方程提取的空间分布信息. 此外, 如果选择与目标地区相关的前三个主导地区来构建网络, 那么所得到的网络将如图 4.8 所示.

4.4.3 ANN 方法用于预测

从时间和空间的分布信息中, 我们认识到理解系统的时空复杂性对于精确预测至关重要. 因此, 需要对动态复杂性进行深入分析, 这可以通过借鉴现有研究成果来实现 [41—43]. 在本节中, 首先通过计算最大李雅普诺夫指数 (λ) 和近似熵

(approximate entropy, ApEn) 来分析每个地区中流感样病例数据的动态复杂性. 随后, 采用 DRBFNN 方法来建立观测相空间 (由网络集群中的变量构成) 与动态演化相空间之间的相关函数 Φ. 所建立的 Φ 函数可用于提前预测未来的流感活动.

Rg 1	Rg 2	Rg 3	Rg 4	Rg 5	Rg 6	Rg 7	Rg 8	Rg 9	Rg 10
2	1	1	3	3	4	5	3	1	7
3	4	5	5	4	5	8	4	8	8
9	10	8	8	8	8	10	5	10	9

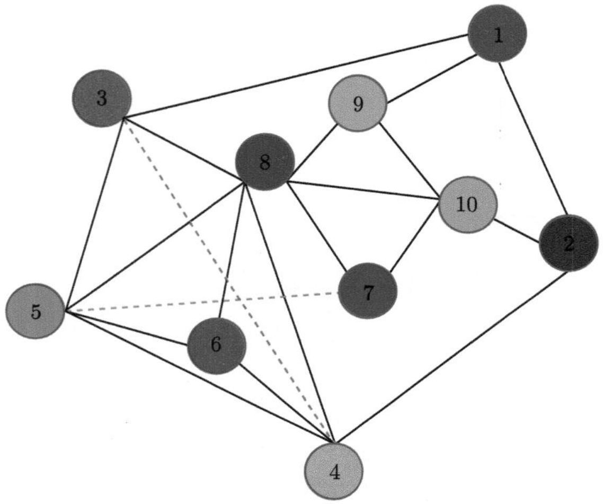

图 4.8　通过回归分析得到的网络. 选择与目标地区相对应的三个相关地区来构建网络

4.4.3.1　流感样病例的动态复杂性

根据 Takens 嵌入定理 [44], 时间序列 $\{x_i\}$ 的动态行为可以通过重构相空间来描述. 在重构的相空间中, 轨迹与原始系统 (即时间序列 $\{x_i\}$ 被观测的系统) 中的轨迹是微分同胚的. 重构相空间是通过延迟坐标算法来定义的, 这种算法从原始时间序列中选取不同的延迟点来构建多维空间中的点集,

$$Y_i = \begin{pmatrix} x_i(1) & x_i(2) & \cdots & x_i(N-(m-1)\tau) \\ x_i(1+\tau) & x_i(2+\tau) & \cdots & x_i(N-(m-2)\tau) \\ \vdots & \vdots & & \vdots \\ x_i(1+(m-1)\tau) & x_i(2+(m-1)\tau) & \cdots & x_i(N) \end{pmatrix}, \tag{4.4.5}$$

这里, N 是时间序列 x_i 的长度, m 是嵌入维数, τ 是时间延迟, 可通过互信息算法计算 [45]. 在动态复杂性分析中, 嵌入维数 m 被固定为 10.

通过最优时间延迟和嵌入维数可以重构 m 维相空间. 然后, 利用 Wolf 方法 [46] 来计算最大李雅普诺夫指数, 它是表征相空间中轨迹动态行为的重要参数.

在重构的相空间中, 选取一个初始点 $Y(t_0)$ 及其最近邻点 $Y^*(t_0)$, 并计算这两点之间的距离 $L_0 = |Y(t_0) - Y^*(t_0)|$. 追踪这两个点的演化直到时间 t_1, 此时它们分别演化到 $Y(t_1)$ 和 $Ye^*(t_1)$, 并且距离 L_0 变为 $D_0 = |Y(t_1) - Ye^*(t_1)|$. 在时间 t_1, 重新找到 $Y(t_1)$ 的最近邻点 $Ye^*(t_1)$, 并计算两点之间的距离 $L_1 = |Y(t_1) - Y^*(t_1)|$. 为了确保轨道演化的影响尽可能小, D_0 和 L_1 之间的夹角要尽可能小. 然后, 继续追踪演化以获得 D_1, 并重复上述过程直到时间序列结束. 假设迭代次数为 K. 在这里, 有 $L_k = |Y(t_k) - Y^*(t_k)|$ 和 $D_k = |Y(t_{k+1}) - Ye^*(t_{k+1})|, k = 0, 1, \cdots, K-1$. 最大李雅普诺夫指数

$$\lambda = [1/(t_{K-1} - t_0)] \cdot \sum_{k=0}^{K-1} \ln(D_k/L_k).$$

引入近似熵 [47—49] 以进一步表征系统的复杂性. 在重构的相空间中, 定义距离第 i 个点 $Y(t_i)$ 小于 r 的点的数量为 P^i. 这里, r 是一个正实数, 指定了一个滤波水平. 对于较小的 r 值, 数值上的条件概率通常是不稳定的, 而对于较大的 r 值, 由于滤波的粗糙性, 会丢失太多的系统详细信息. 通常, r 的取值范围在时间序列标准差的 0.1 到 0.25 之间. 此外, 为了避免噪声在近似熵计算中的显著影响, 必须选择 r 大于大多数噪声的值. 因此, 选择 $r = 0.25S$, 其中 S 是时间序列 $\{x_i\}$ 的标准差. 然后, 定义关联积分为 $C_i^m = P^i/(N - m + 1)$, 其中 N 是时间序列的总数. 近似熵可写为

$$\text{ApEn} = \Phi^m - \Phi^{m+1}, \tag{4.4.6}$$

其中, $\Phi^m = [1/(N - m + 1)] \cdot \sum_{i=1}^{N-m+1} \ln C_i^m$ 反映了系统的平均相关性.

针对每个重构相空间, 计算与 ILI 相关的最大李雅普诺夫指数和近似熵. 最大李雅普诺夫指数量化了相空间中轨迹的发散速率, 一个较大的正值表明系统表现出更强的混沌特性. 近似熵则是时间序列在维度变化时产生新模式的概率, 一个较大的概率值表明系统具有更少的规律性和更高的复杂性. 简而言之, 最大李雅普诺夫指数和近似熵的较大正值表明时间序列的复杂度较高, 其未来值也因此更难以预测. 每个地区中最大李雅普诺夫指数随 ILI 的演变如图 4.9 所示. 注意, 表 4.2 中的 λ 是每个地区中 $\lambda(t)$ 的平均值, 均为正数, 这表明 ILI 的动态演变是不稳定的. 此外, 地区 1、地区 3、地区 7 和地区 10 中的 λ 和 ApEn 值高于其他地区. 这些较大的值反映了相应地区的动态更为复杂, 且更难进行预测.

4.4.3.2 DRBFNN 方法用于预测

根据广义嵌入定理 [50], 在重构的相空间与观测值之间存在一个相关函数. 在本节中, 采用 DRBFNN 方法来构建上述相关函数, 并对 ILI 时间序列进行预测.

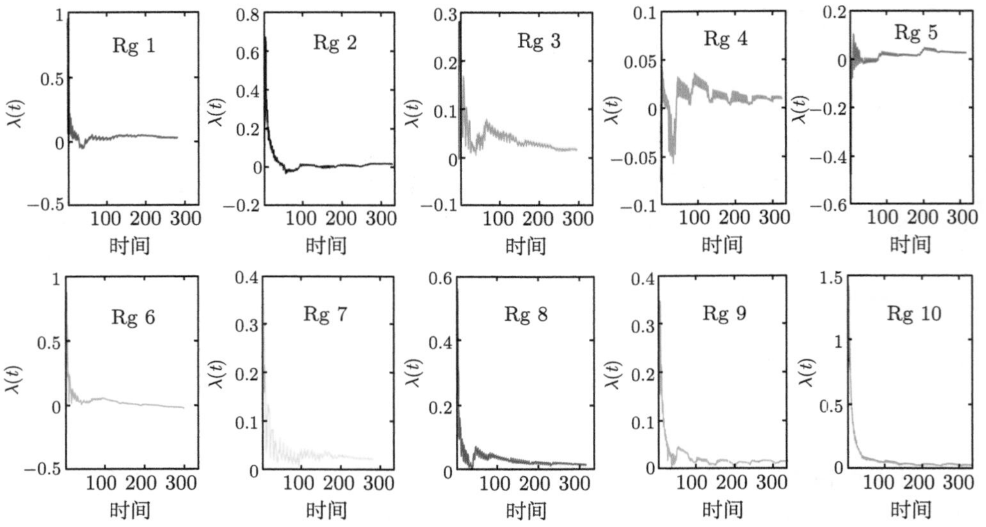

图 4.9 最大李雅普诺夫指数在每个地区中关于 ILI 的演化

表 4.2 各地区 ILI 时间序列的时间延迟 τ、最大李雅普诺夫指数 λ 和近似熵

地区	时间延迟 (τ)	最大李雅普诺夫指数 (λ)	近似熵
1	9	0.0409	1.4729
2	4	0.0219	1.2468
3	7	0.0375	1.4589
4	4	0.0125	1.0849
5	5	0.0174	1.2128
6	7	0.0298	1.3824
7	9	0.0363	1.4503
8	5	0.0345	1.2327
9	3	0.0246	1.2120
10	3	0.0694	1.5212

径向基函数神经网络 (radial basis function neural network, RBFNN) 是一种使用径向基函数作为其激活函数的人工神经网络 [51]. 已经证明, RBFNN 在逼近连续函数方面表现出了卓越的性能 [52]. 此外, RBFNN 在训练过程中可以避免陷入局部最小值 [53]. 此外, 对应于时间序列 x_i 的动态演化空间 Y_i, 是预测模型的输出. x_i 的动态演化可能仅与某些地区相关, 因此 RBFNN 的输入可以定义为

$$\boldsymbol{X}_k^i = \boldsymbol{W}_k^i \times \begin{pmatrix} x_1(1) & x_1(2) & \cdots & x_1(N) \\ x_2(1) & x_2(2) & \cdots & x_2(N) \\ \vdots & \vdots & & \vdots \\ x_n(1) & x_n(2) & \cdots & x_n(N) \end{pmatrix}. \tag{4.4.7}$$

在这里, $\boldsymbol{W}_k^i$ 表示在网络中选择与地区 i 相关的所有 k 个地区. $\boldsymbol{X}_k^i$ 包含从 10 个地区中选出的 k 个变量.

回顾输出 $\boldsymbol{Y}_i$ 有 M 列 (其中 $M=N-(m-1)\tau$). 这意味着动态相空间有 M 个 m 维的点. 因此, 需要从 $\boldsymbol{X}_k^i$ 中取 M 个点来训练网络, 即建立相关函数 $\boldsymbol{\Phi}$.

$$\boldsymbol{Y}_i=\begin{pmatrix} x_i(1) & x_i(2) & \cdots & x_i(M) \\ x_i(1+\tau) & x_i(2+\tau) & \cdots & x_i(M+\tau) \\ \vdots & \vdots & & \vdots \\ x_i(1+(m-1)\tau) & x_i(2+(m-1)\tau) & \cdots & x_i(M+(m-1)\tau) \end{pmatrix}$$
$$=\boldsymbol{\Phi}\left(\boldsymbol{W}_k^i\times\begin{pmatrix} x_1(1) & x_1(2) & \cdots & x_1(M) \\ x_2(1) & x_2(2) & \cdots & x_2(M) \\ \vdots & \vdots & & \vdots \\ x_{10}(1) & x_{10}(2) & \cdots & x_{10}(M) \end{pmatrix}\right). \tag{4.4.8}$$

然后, $\boldsymbol{X}_k$ 的 $M+1$ 至 N 列用于通过所建立的 $\boldsymbol{\Phi}$ 进行预测.

$$\begin{pmatrix} x_i(M+1) & x_i(M+2) & \cdots & x_i(N) \\ x_i(M+1+\tau) & x_i(M+2+\tau) & \cdots & x_i(N+\tau) \\ \vdots & \vdots & & \vdots \\ x_i(N+1) & x_i(N+2) & \cdots & x_i(N+(m-1)\tau) \end{pmatrix}$$
$$=\boldsymbol{\Phi}\left(\boldsymbol{W}_k^i\times\begin{pmatrix} x_1(M+1) & x_1(M+2) & \cdots & x_1(N) \\ x_2(M+1) & x_2(M+2) & \cdots & x_2(N) \\ \vdots & \vdots & & \vdots \\ x_{10}(M+1) & x_{10}(M+2) & \cdots & x_{10}(N) \end{pmatrix}\right). \tag{4.4.9}$$

应当注意的是, 在相空间重构中存在两个至关重要的参数, 即嵌入维度 m 和时间延迟 τ. 嵌入维度对应于在任何给定时刻描述系统状态所需的独立量的数量. 如果 m 太小, 则吸引子无法被完全展开; 而如果 m 过大, 则会增加冗余性. 定义一个坐标 x 的 k 阶条件概率分布 $P(x|x_1,x_2,\cdots;\tau)$, 它表示在已知 x_1 在 τ 时间之前被观测到、x_2 在 2τ 时间之前被观测到, 以此类推. 如果选择的时间延迟 τ 很小, 那么 k 个条件几乎等同于在某个时间点上指定 x 的值以及它直到 $k-1$ 阶的所有导数的值. 在重构的相空间中, 点 $X(t)$ 和 $X(t+\tau)$ 无法被分离. 如果 τ 太大, 则 $X(t)$ 和 $X(t+\tau)$ 将变得不太相关, 并且由流动特性产生的信息会使样本之间相对随机化. 除非恰当地选择了时间延迟和嵌入维度, 否则重构的相空间

无法准确地反映吸引子的演化规律. 因此, 本章使用遍历算法和粒子群优化算法 (particle swarm optimization, PSO) 来找到最优的嵌入维度 m 和时间延迟 τ, 以最小化预测误差. 相关函数 Φ 是通过 MATLAB 程序中的径向基函数神经网络进行训练的.

相对平方误差 (relative square error, RSE)、均方误差 (mean square error, MSE) 和相对均方误差 (relative mean square error, RMSE) 被用于表征预测误差,

$$\mathrm{RSE}=\left(\frac{x_i'(j)-x_i(j)}{x_i(j)}\right)^2, \tag{4.4.10}$$

$$\mathrm{MSE}=\frac{1}{N-M}\sum_{j=M+1}^{N}(x_i'(j)-x_i(j))^2, \tag{4.4.11}$$

$$\mathrm{RMSE}=\frac{1}{N-M}\sum_{j=M+1}^{N}\left(\frac{x_i'(j)-x_i(j)}{x_i(j)}\right)^2, \tag{4.4.12}$$

其中, $x_i'(j)$ 是预测值, $x_i(j)$ 是真实值, n 是预测值的数量. 该动态径向基函数神经网络的预测示意图如图 4.10 所示, 程序的伪代码如算法 1 所示.

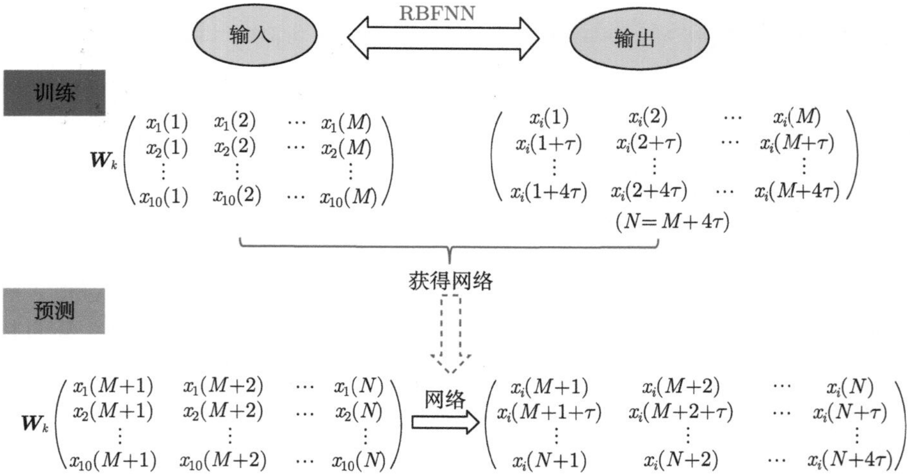

图 4.10　DRBFNN 预测示意图: $\boldsymbol{X}_k$ 的前 M 列用于网络训练; $\boldsymbol{X}_k$ 的 $M+1$ 到 N 列用于网络预测

算法 1 DRBFNN

输入: $\boldsymbol{X}=(x_1,x_2,\cdots,x_{10})^{\mathrm{T}}$, $\boldsymbol{Y}_i=(x_i(j),x_i(j+\tau),\cdots,x_i(j+(m-1)\tau))^{\mathrm{T}},i=1,2,\cdots,10.$

输出: $\{x_i(N+1),x_i(N+2),\cdots\}.$

```
根据网络构建目标变量的观测相空间 X_k;
应用遍历算法或粒子群优化算法来选择最优参数, 并使用 MATLAB 中的 “newrb” 命令来
构建径向基函数神经网络.
for 每一个 m 和 τ do
   在 X_k^i = W_k^i × X 和 Y_i 之间训练网络时, 计算在步骤 t 时的预测误差 Error;
   if Error(t) <Error(t−1) then
      记录相应的参数值;
   else
      运行下一个循环;
   end if
end for
使用已获得的网络对关于 x_i 的未知数据进行预测;
return 选择对应于最小预测误差的预测值.
```

4.4.3.3 性能分析

每年冬季加权 ILI 的发病率和流行率都较高, 并且由美国卫生与公共服务部划分的地区 6 比其他地区更为严重. 可能的影响因素包括以下两点: 在冬季, 由于天气寒冷, 家庭内的空气流通减少, 人们户外活动减少, 使得身体更容易受到感染; 此外, 像达拉斯 (地区 6)、旧金山 (地区 9)、华盛顿特区 (地区 3) 等大城市的巨大客流量增加了与患者接触的概率.

回归方程可用于通过其他地区的数据来填补目标地区中缺失的数据. 回归方程的相关性分析表明, 一些沿海地区之间高度相关, 如地区 4 和地区 9. 这可能是由于相似的当地气候条件, 这些条件有利于病原体的生长和传播. 例如, 通过相关系数矩阵提取的聚类, 在回归地区 6 的 ILI 数据时得到的聚类地区 1-4-5-7-8-9 和地区 2-3-10, 有助于根据扩散特征建立推荐方案.

在本节中, 考虑了流感样疾病的动态演化信息, 并采用径向基函数神经网络来构建观测值与动态相空间之间的关联. 通过构建的网络所实现的预测, 能够在一定程度上准确捕捉到加权流感样疾病的峰值. 以地区 6 的预测性能为例 (见图 4.11(其他地区加权 ILI 的 DRBFNN 预测如图 4.12 所示), 在接下来的 52 周内, 动态径向基函数神经网络成功地预测了流感趋势. 以均方误差为损失函数的训练性能如图 4.11(a) 和图 4.11(b) 所示. MSE 随迭代次数的波动反映了算法的收敛性和稳定性. 方法的可重复性可以通过不同地区加权 ILI 的预测来验证 (见图 4.12). 以相对平方误差为损失函数的预测误差如图 4.11(d) 所示. 此外, 还计算了 MSE 和 RMSE, 以比较 DRBFNN 方法与反向传播神经网络方法的预测性能

(见表 4.3). DRBFNN 可以预测接下来的 52 个点, 而 [29] 中使用的反向传播神经网络 (back propagation neural networks, BPNN) 只能预测接下来的 5 个点. DRBFNN 方法预测未来 20 个点的 MSE 和 RMSE 接近于 BPNN 方法预测未来 5 个点的结果. 基于表 4.3, 可以看到, 通过 DRBFNN 方法, 地区 5、地区 9 和地区 10 的预测误差比 BPNN 方法小. 请注意, 地区 1、地区 3、地区 7 和地区 8 的 RMSE 相对较大, 因为这些地区的动力学更为复杂, 表现为更高的最大李雅普诺夫指数 (见表 4.3).

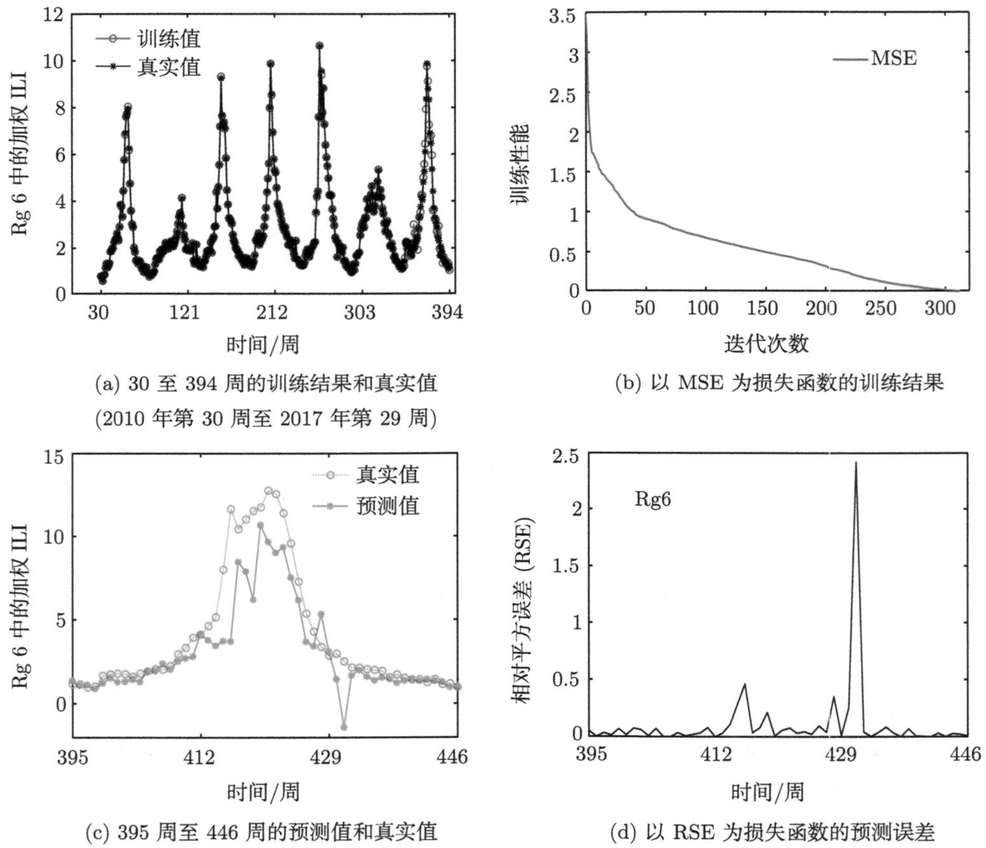

(a) 30 至 394 周的训练结果和真实值 (2010 年第 30 周至 2017 年第 29 周)

(b) 以 MSE 为损失函数的训练结果

(c) 395 周至 446 周的预测值和真实值 (2017 年第 30 周至 2018 年第 29 周)

(d) 以 RSE 为损失函数的预测误差

图 4.11　地区 6 中加权 ILI 数据的训练和预测

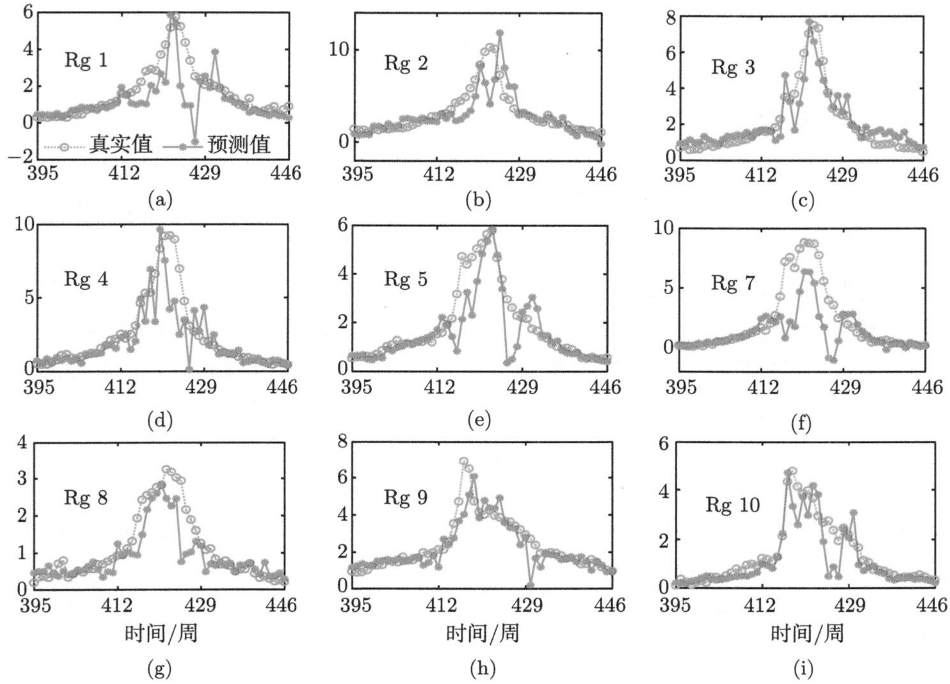

图 4.12 DRBFNN 方法的性能预测

表 4.3 DRBFNN 方法和 BPNN 方法 [29] 的 MSE 和 RMSE

	DRBFNN 方法		BPNN [29] 方法	
	20 个点	52 个点	5 个点	20 个点
1	0.0518 & 0.1735	1.1669 & 0.2131	0.0241 & 0.0475	无预测
2	0.2628 & 0.0995	2.5080 & 0.1369	0.0100 & 0.0041	无预测
3	0.0918 & 0.1582	0.4975 & 0.1984	0.0919 & 0.1075	无预测
4	0.1286 & 0.0897	2.0598 & 0.1406	0.0466 & 0.0165	无预测
5	0.0464 & 0.0373	0.7519 & 0.0977	0.0673 & 0.0509	无预测
6	0.3290 & 0.0360	3.5881 & 0.1073	0.0445 & 0.0103	无预测
7	0.1145 & 0.2773	4.4230 & 0.3346	0.1007 & 0.1155	无预测
8	0.0493 & 0.2415	0.2450 & 0.1955	0.0549 & 0.1043	无预测
9	0.1473 & 0.0610	0.5379 & 0.0625	0.2831 & 0.1016	无预测
10	0.0561 & 0.2854	0.3951 & 0.1817	0.8188 & 0.8519	无预测

根据上述预测性能的表现, 我们可以得出结论: DRBFNN 是一种有效的预测加权 ILI 数据的方法. 该系统能够基于时空信息有效地预测 ILI 的活动.

4.5 基于稀疏识别的材料微观结构研究

4.5.1 材料背景介绍

本节基于论文 [54] 的研究成果, 应用稀疏识别方法对高熵合金拉伸过程中的微观结构演化进行了探索. 材料的结构影响其性能, 了解材料的微观结构-性能关系对材料的开发和工程应用具有重要意义.

研究拉伸过程中微观结构的演变有助于探索材料的纳米级性能, 准确表征结构转变行为是研究材料塑性变形最广泛使用的技术. 受限于现有实验技术分辨率, 动态微观结构对材料的纳米级性能影响的相关工作主要通过结合分子动力模拟和直观的可视化分析方法开展. 例如, Li 等 [55] 采用分子动力学模拟方法研究了单晶和纳米晶高熵合金中微观组织以及面心立方结构和体心立方结构分数的演变, 为结构转变诱发的塑性提供了微观力学理解. Fang 等 [56] 研究了双相 CoCrFeMnNi 高熵合金在拉伸过程中的结构转变和位错演化, 发现面心立方与密排六方的结构转变与原子晶格畸变程度有很强的相关性.

目前微观结构演变的相关工作主要集中在单一晶体结构上, 或者使用 Voronoi 镶嵌方法生成的多晶结构上 [57]. 这是因为相比于多晶结构来说, 在变形加载过程中单一晶体的结构演化更容易被可视化分析方法捕捉到. 但是在实际生活中, 锻造的金属中往往会存在不同类型的缺陷和孪晶, 而非单一类型的晶体结构. 例如, Liu 等 [58] 的工作表明实验中制备的 CoCrFeNi 高熵合金显示出以面心立方结构为主的晶体结构, 并且具有高密度位错和一些孪晶. 然而, 仅仅通过可视化的分析方法却难以捕捉多晶结构在变形过程中的微观结构演变. 因此, 多晶结构材料在变形加载过程中的结构演化值得进一步探索.

另一方面, 可视化分析方法在处理实验或模拟产生的大量数据时缺乏系统性和彻底性. 而数据挖掘方法却提供了一种从大量数据中揭示隐藏物理知识的手段, 促进了材料科学的进步. 近年来, 研究人员尝试利用稀疏识别算法从系统内提取非线性动力学来进一步探索内在机理 [59,60]. 例如, Yu 等 [59] 应用动态神经网络与稀疏识别方法提取了非晶合金在纳米划痕实验与压缩变形实验下塑性变形的控制系统, 发现在不同实验环境下控制系统具有相同的基函数, 并依据系统给出了相关预测分析. 这表明稀疏识别方法的应用为材料科学研究提供了新范式. 此外, 其推导出的显式表达式克服了黑箱模型难以解释的局限性.

本章将分子动力学模拟和稀疏识别技术相结合, 研究了多晶 CoCrFeNi 高熵合金在室温 (300 K) 条件下不同拉伸速率变形过程中的微观结构演变.

4.5.2 稀疏识别算法

在很多回归问题中, 模型里仅有几项特征是重要的, 因此稀疏特征提取的机制是十分必要的 [60]. 对于一般的非线性动力系统,

$$\dot{\boldsymbol{X}}(t)=f(\boldsymbol{X}(t)), \tag{4.5.1}$$

其中, 向量 $\boldsymbol{X}(t)=(\boldsymbol{X}_1(t),\boldsymbol{X}_2(t),\cdots,\boldsymbol{X}_m(t))$ $(\boldsymbol{X}_k(t)\in\mathbb{R}^n)$ 是系统在 t 时刻的状态变量, 非线性函数 $f(\boldsymbol{X}(t))$ 表示动力学约束下系统的运动方程. 在大多数系统中, 非线性函数 f 仅由几项组成, 所以在相应的函数空间中具有稀疏性. 例如在洛伦茨 (Lorenz) 系统中, 非线性函数仅含有多项式函数中的几项. 由文献 [59,60] 可知, 动力系统可以表达为

$$\dot{\boldsymbol{X}}(t)=f(\boldsymbol{X}(t))=\boldsymbol{\Theta}(\boldsymbol{X})\boldsymbol{\Xi}, \tag{4.5.2}$$

其中, $\boldsymbol{\Xi}=(\xi_1,\xi_2,\cdots,\xi_n)$ 是稀疏矩阵的系数, $\boldsymbol{\Theta}(\boldsymbol{X})$ 是一个基函数库且 $\boldsymbol{\Theta}(\boldsymbol{X})=[\theta_1(\boldsymbol{X}),\theta_2(\boldsymbol{X}),\cdots,\theta_n(\boldsymbol{X})]$, 其中 $\boldsymbol{X}$ 包含常数项、多项式项、三角函数项等, 即

$$\boldsymbol{\Theta}(\boldsymbol{X})=\begin{pmatrix} | & | & | & | & | & \\ 1 & \boldsymbol{X} & P(\boldsymbol{X}) & \sin(\boldsymbol{X}) & \cos(\boldsymbol{X}) & \cdots \\ | & | & | & | & | & \end{pmatrix}, \tag{4.5.3}$$

这里, $P(\boldsymbol{X})$ 是 $\boldsymbol{X}$ 的多项式. 例如, 二次多项式 $(\boldsymbol{X}^{P_2})$ 表示为

$$\boldsymbol{X}^{P_2}=\begin{pmatrix} x_1^2(t_1) & x_1(t_1)x_2(t_1) & \cdots & x_2^2(t_1) & \cdots & x_n^2(t_1) \\ x_1^2(t_2) & x_1(t_2)x_2(t_2) & \cdots & x_2^2(t_2) & \cdots & x_n^2(t_2) \\ \vdots & \vdots & & \vdots & \ddots & \vdots \\ x_1^2(t_m) & x_1(t_m)x_2(t_m) & \cdots & x_2^2(t_m) & \cdots & x_n^2(t_m) \end{pmatrix}. \tag{4.5.4}$$

在实际应用中, 变量空间 $\boldsymbol{X}$ 容易获得, 而其导函数空间 $\dot{\boldsymbol{X}}$ 却缺少度量. 通常使用四节中心差分法和延迟重构相空间法, 根据变量 $\boldsymbol{X}$ 近似数值求解导函数. 在稀疏识别算法中, 在给定基函数库 $(\boldsymbol{\Theta}(\boldsymbol{X}))$ 后, 首先利用最小二乘法初步估计稀疏矩阵 $\boldsymbol{\Xi}$, 然后寻找稀疏矩阵中的小系数, 判定小系数是否小于设定的稀疏性阈值 λ, 并将小于值 λ 的系数赋值为 0. 将剩余非零系数矩阵代回原问题, 形成新的稀疏求解问题, 然后继续用稀疏性阈值条件 λ 过滤直到所有非零项系数收敛. 这个算法在求解稀疏问题时十分有效, 使用稀疏性阈值条件有利于稀疏性的求解, 使得经过较少步数的迭代就可以快速收敛到稀疏解. 程序的伪代码如算法 2 所示.

算法 2 稀疏识别算法

输入: 状态变量空间: $\boldsymbol{X}$, 稀疏性阈值: λ.

输出: 稀疏系数矩阵: $\boldsymbol{\varXi}$.

利用状态空间 $\boldsymbol{X}$ 求解数值型导函数 $d\boldsymbol{X}dt$;
利用状态空间 $\boldsymbol{X}$ 构造基函数库 $\boldsymbol{\theta}$;
利用最小二乘初步估计稀疏矩阵 $\boldsymbol{\varXi}$;
for $k = 1:10$ **do**
　寻找小系数: smallinds $=$ (abs($\boldsymbol{\varXi}$) $< \lambda$); 将小系数赋值为 0: $\boldsymbol{\varXi}$(smallinds) $= 0$;
　for ind $= 1:n$, n 是状态空间维数 **do**
　　biginds = smallinds(:,ind);
　　对剩余项做回归, 继续求解稀疏矩阵: $\boldsymbol{\varXi}(\text{biginds}, \text{ind}) = \theta(:, \text{biginds})\backslash d\boldsymbol{X}dt(:, \text{ind})$;
　end for
end for
返回稀疏矩阵: $\boldsymbol{\varXi}$.

4.5.3 模型构建和模型性能

4.5.3.1 模型构建

高熵合金的拉伸实验常用于评估其力学性能, 但在拉伸变形过程中, 结构演化所呈现的复杂动力学特性, 使得揭示系统潜在的确定性变形机制变得非常困难. 本节基于 CoCrFeNi 高熵合金在拉伸实验中获得的结构分数的时间序列数据, 通过应用稀疏识别方法, 提取出相应的数学模型, 从而揭示其微观结构的演化机制. 图 4.13 展示了时间序列数据的可视化结果.

所提取的模型为

$$\dot{\boldsymbol{X}}(t) = \begin{pmatrix} \dot{\boldsymbol{u}}(t) \\ \dot{\boldsymbol{v}}(t) \\ \dot{\boldsymbol{w}}(t) \\ \dot{\boldsymbol{r}}(t) \end{pmatrix} = f(\boldsymbol{u}^{\mathrm{T}}, \boldsymbol{v}^{\mathrm{T}}, \boldsymbol{w}^{\mathrm{T}}, \boldsymbol{r}^{\mathrm{T}}, t), \tag{4.5.5}$$

在该模型中, 状态变量 $\boldsymbol{X}(t) = (\boldsymbol{u}(t), \boldsymbol{v}(t), \boldsymbol{w}(t), \boldsymbol{r}(t))^{\mathrm{T}}$, 其中 $\boldsymbol{u}(t)$, $\boldsymbol{v}(t)$, $\boldsymbol{w}(t)$ 和 $\boldsymbol{r}(t)$ 分别代表面心立方 (face-centered cubic, FCC) 结构、体心立方 (body-centered cubic, BCC) 结构、密排六方 (hexagonal close-packed, HCP) 结构和无序 (disordered) 结构在拉伸时刻 t 的结构分数值.

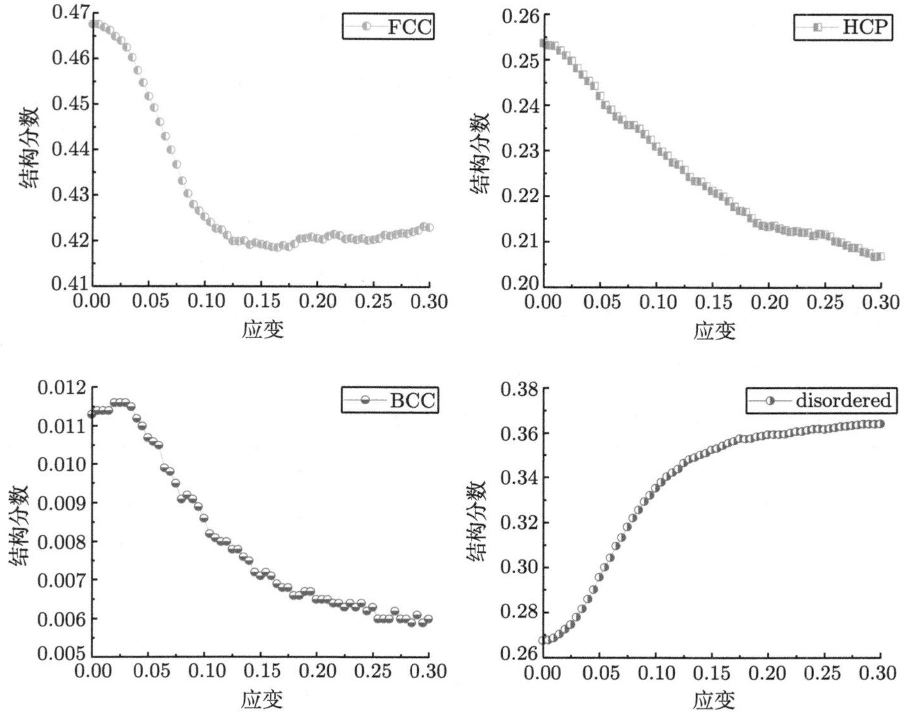

图 4.13 拉伸过程中不同时刻下对应的结构分数

对于模型的左端项, 使用四节中心差分法求解四个状态变量的导函数 $\dot{\boldsymbol{u}}$, $\dot{\boldsymbol{v}}$, $\dot{\boldsymbol{w}}$, $\dot{\boldsymbol{r}}$. 模型的右端项, 构建基函数库 $\boldsymbol{\Theta}(\boldsymbol{X})$,

$$\boldsymbol{\Theta}(\boldsymbol{X}) = \begin{pmatrix} | & | & | \\ \mathbf{1} & \boldsymbol{X} & \boldsymbol{X}^{P_2} \\ | & | & | \end{pmatrix}, \tag{4.5.6}$$

其中, $\boldsymbol{X}^{P_2}$ 是状态变量 $\boldsymbol{X}$ 的二阶非线性项. 为了使提出的模型尽可能简单化, 包含较少的参数变量, 这里所选取的 $\boldsymbol{X}^{P_2}$ 为

$$\boldsymbol{X}^{P_2} = \begin{pmatrix} \boldsymbol{uv}(t_0) & \boldsymbol{uw}(t_0) & \boldsymbol{ur}(t_0) & \boldsymbol{vw}(t_0) & \boldsymbol{vr}(t_0) & \boldsymbol{wr}(t_0) \\ \boldsymbol{uv}(t_1) & \boldsymbol{uw}(t_1) & \boldsymbol{ur}(t_1) & \boldsymbol{vw}(t_1) & \boldsymbol{vr}(t_1) & \boldsymbol{wr}(t_1) \\ \vdots & \vdots & \vdots & \vdots & \vdots & \vdots \\ \boldsymbol{uv}(t_m) & \boldsymbol{uw}(t_m) & \boldsymbol{ur}(t_m) & \boldsymbol{vw}(t_m) & \boldsymbol{vr}(t_m) & \boldsymbol{wr}(t_m) \end{pmatrix}. \tag{4.5.7}$$

将所提取的方程展开, 即

$$\begin{cases}\dot{\boldsymbol{u}}=\xi_0^0+\xi_1^0\boldsymbol{u}+\xi_2^0\boldsymbol{v}+\xi_3^0\boldsymbol{w}+\xi_4^0\boldsymbol{r}+\xi_5^0\boldsymbol{uv}+\xi_6^0\boldsymbol{uw}+\xi_7^0\boldsymbol{ur}+\xi_8^0\boldsymbol{vw}+\xi_9^0\boldsymbol{vr}+\xi_{10}^0\boldsymbol{wr},\\ \dot{\boldsymbol{v}}=\xi_0^1+\xi_1^1\boldsymbol{u}+\xi_2^1\boldsymbol{v}+\xi_3^1\boldsymbol{w}+\xi_4^1\boldsymbol{r}+\xi_5^1\boldsymbol{uv}+\xi_6^1\boldsymbol{uw}+\xi_7^1\boldsymbol{ur}+\xi_8^1\boldsymbol{vw}+\xi_9^1\boldsymbol{vr}+\xi_{10}^1\boldsymbol{wr},\\ \dot{\boldsymbol{w}}=\xi_0^2+\xi_1^2\boldsymbol{u}+\xi_2^2\boldsymbol{v}+\xi_3^2\boldsymbol{w}+\xi_4^2\boldsymbol{r}+\xi_5^2\boldsymbol{uv}+\xi_6^2\boldsymbol{uw}+\xi_7^2\boldsymbol{ur}+\xi_8^2\boldsymbol{vw}+\xi_9^2\boldsymbol{vr}+\xi_{10}^2\boldsymbol{wr},\\ \dot{\boldsymbol{r}}=\xi_0^3+\xi_1^3\boldsymbol{u}+\xi_2^3\boldsymbol{v}+\xi_3^3\boldsymbol{w}+\xi_4^3\boldsymbol{r}+\xi_5^3\boldsymbol{uv}+\xi_6^3\boldsymbol{uw}+\xi_7^3\boldsymbol{ur}+\xi_8^3\boldsymbol{vw}+\xi_9^3\boldsymbol{vr}+\xi_{10}^3\boldsymbol{wr},\end{cases} \tag{4.5.8}$$

其中, $\{\xi_j^i\}$ 的系数是稀疏的, $\boldsymbol{u}(t)$, $\boldsymbol{v}(t)$, $\boldsymbol{w}(t)$ 和 $\boldsymbol{r}(t)$ 分别代表 FCC 结构、HCP 结构、BCC 结构和无序结构在拉伸时刻 t 的分数值. 最后利用算法 2 求解稀疏矩阵 $\{\xi_j^i\}$, 在不同的拉伸速率条件下, 求解的稀疏矩阵如表 4.4 所示.

表 4.4 在室温 (300K) 的不同拉伸速率条件下, 所识别方程的相应系数表

拉伸速率		1	$\boldsymbol{u}$	$\boldsymbol{v}$	$\boldsymbol{w}$	$\boldsymbol{r}$	$\boldsymbol{uv}$	$\boldsymbol{uw}$	$\boldsymbol{ur}$	$\boldsymbol{vw}$	$\boldsymbol{vr}$	$\boldsymbol{wr}$
$5\times10^8\mathrm{s}^{-1}$	$\dot{\boldsymbol{u}}$	12.19	−0.16	0	−13.75	−0.16	0	0.25	0	−0.09	0	0.15
	$\dot{\boldsymbol{v}}$	−9.85	0.12	0	9.07	0.14	0	−0.17	0	0.09	0	−0.12
	$\dot{\boldsymbol{w}}$	0.02	0	0	−0.40	0	0	0	0	0.02	0	0
	$\dot{\boldsymbol{r}}$	−17.73	0.17	0.25	31.49	0.15	0	−0.29	0	−0.44	0	−0.27
$1\times10^9\mathrm{s}^{-1}$	$\dot{\boldsymbol{u}}$	6.70	−0.06	−0.16	−5.25	0	0	0	0	0.21	0	0
	$\dot{\boldsymbol{v}}$	−24.20	0.25	0.19	40.35	0.27	0	−0.46	0	−0.30	0	−0.41
	$\dot{\boldsymbol{w}}$	0.03	0	0	−0.33	0	0	0	0	0.01	0	0
	$\dot{\boldsymbol{r}}$	5.89	−0.06	0	−12.50	−0.11	0	0.16	0	0	0	0.18
$1\times10^{10}\mathrm{s}^{-1}$	$\dot{\boldsymbol{u}}$	29.72	−0.33	−0.28	−35.43	−0.27	0	0.38	0	0.36	0	0.31
	$\dot{\boldsymbol{v}}$	11.06	−0.10	−0.12	−17.42	−0.12	0	0.17	0	0.18	0	0.18
	$\dot{\boldsymbol{w}}$	9.58	−0.10	−0.10	−14.52	−0.09	0	0.15	0	0.15	0	0.14
	$\dot{\boldsymbol{r}}$	−6.10	0.08	0.04	3.48	0.04	0	−0.04	0	−0.05	0	0

4.5.3.2 模型性能

为了评估模型性能, 将不同拉伸条件下提取的模型所描述的结构演化趋势与实际结构演化趋势进行对比, 结果详见图 4.14—图 4.16. 对比结果显示, 所提取模型的结构演化趋势与实际的结构演化趋势相符合, 这表明所提取的方程可以有效地描述拉伸过程中的结构演化过程. 进一步地, 分析所提取的方程, 我们发现相比于其他变量的一次项系数来说, $\boldsymbol{w}$ 变量的一次项系数较大, 而不含 $\boldsymbol{w}$ 的二次项系数较为稀疏, 这表明了 BCC 结构在结构演化过程中的主导作用. 另一方面, 我们发现 $\boldsymbol{ur}$ 项的系数在不同的拉伸速率条件下都是稀疏的, 揭示了在这些情况下的普遍内在机制, 也表明提取的模型在一定程度上是可推广的.

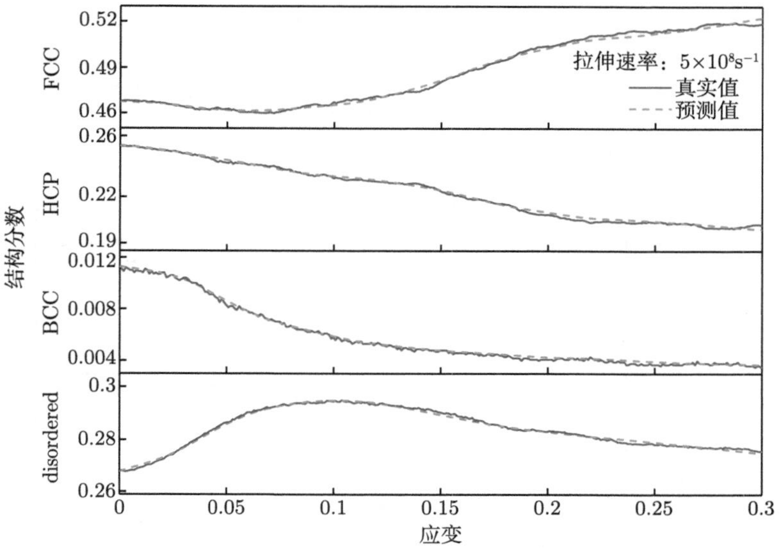

图 4.14 拉伸速率为 $5 \times 10^8 \mathrm{s}^{-1}$ 时, 模型得到的结构演化趋势和实际的演化趋势的对比

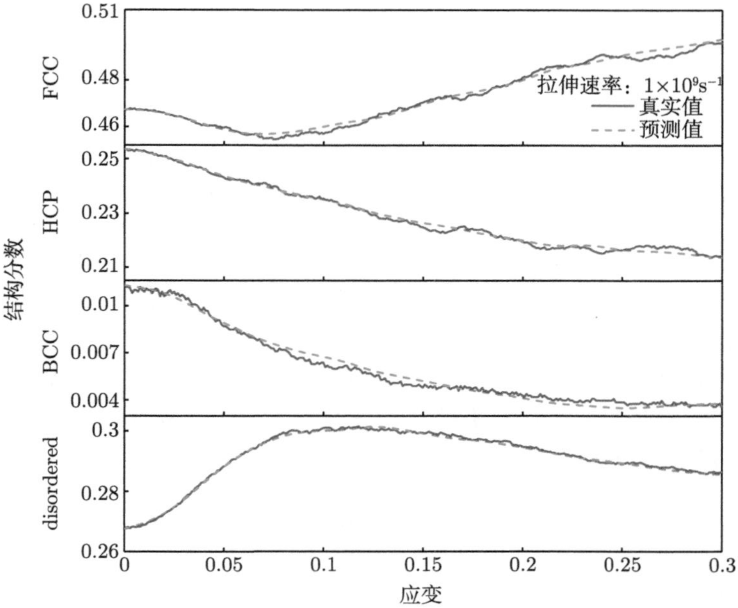

图 4.15 拉伸速率为 $1 \times 10^9 \mathrm{s}^{-1}$ 时, 模型得到的结构演化趋势和实际的演化趋势的对比

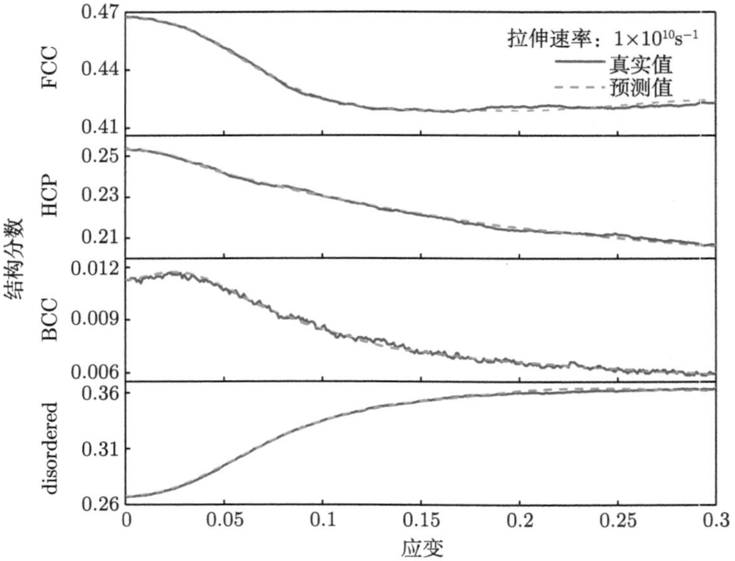

图 4.16 拉伸速率为 $1 \times 10^{10}\text{s}^{-1}$ 时, 模型得到的结构演化趋势和实际的演化趋势的对比

4.6 习 题

1. 给定一个社交网络的加权图, 其邻接矩阵为 $\boldsymbol{A} = \begin{pmatrix} 0 & 1 & 0 & 1 \\ 1 & 0 & 1 & 0 \\ 0 & 1 & 0 & 1 \\ 1 & 0 & 1 & 0 \end{pmatrix}$, 计算图的拉普拉斯矩阵 $\boldsymbol{L}$. 使用瑞利商方法, 找出一个划分向量 $\boldsymbol{p}$, 使得割最小化. 计算所得划分的割值, 并解释其意义.

2. 假设你有一个地区的流感病例数据, 这些数据通过以下方式嵌入到一维空间中: 每个地区的流感病例数映射到一条线上, 使得相连地区的病例数尽可能接近. 如果你有一些地区的流感病例数如下:

$$(10, 12, 15, 18, 20, 22, 25, 24, 21, 19)$$

并且这些地区在网络中的连接关系如下:

$$\{(1,2), (2,3), (3,4), (4,5), (5,6), (6,7), (7,8), (8,9), (9,10)\},$$

请将这些数据嵌入到一条线上, 并解释嵌入结果.

3. 使用动态径向基函数神经网络构建一个预测模型, 预测下一阶段的流感发展趋势. 假设你已经有了一个训练好的模型, 并且有以下输入数据:

$$\boldsymbol{X}^{\mathrm{T}} = (10, 12, 15, 18, 20, 22, 25, 24, 21, 19),$$

请描述如何使用这个模型来预测下一个时间点的流感病例数, 并讨论可能影响预测准确性的因素.

第 5 章 量子计算

量子计算是过去几十年间兴起的一种前沿计算方式, 它利用量子力学的现象 (如量子叠加、量子干涉与量子纠缠) 进行高效计算. 通过将量子计算与数据科学、机器学习等领域的算法相结合, 可以创造出新的、高效的解决方案. 本章主要探讨了量子计算的基本概念及其核心算法. 若想深入了解量子计算及其广泛应用, 可参考文献 [61,62].

5.1 基本概念

量子计算是一种基于量子力学原理的新型计算模式. 与经典计算机使用比特 (bit) 作为信息单位不同, 量子计算机使用量子比特 (qubit) 作为基本运算单元. 量子比特具备叠加的特性, 也就是说它能够同时处于多种状态, 并且量子比特之间还可以存在纠缠现象, 即使空间上相距甚远, 它们的状态仍然相互依赖. 这些特性使得量子计算机在处理复杂问题时具有比经典计算机更强的计算能力, 能够进行高效的并行计算和求解. 量子计算的应用领域广泛, 包括材料科学、金融建模和人工智能等, 有望给这些领域带来革命性的突破.

5.1.1 量子比特

量子计算建立在量子比特 (量子位) 的基础上, 这些量子比特能够同时处于两种可能的状态: $|0\rangle$ 或 $|1\rangle$, 这与经典比特的 0 和 1 状态相对应, 记号 "$|\rangle$" 称为狄拉克 (Dirac) 符号.

$$|0\rangle \equiv \begin{pmatrix} 1 \\ 0 \end{pmatrix}, \quad |1\rangle \equiv \begin{pmatrix} 0 \\ 1 \end{pmatrix}. \tag{5.1.1}$$

量子叠加态是指一个量子系统可以同时处于多个状态的叠加, 可以表示为状态空间基态的线性组合. 例如, 量子比特的任何状态 $|\psi\rangle$ 都可以由基态 $|0\rangle$ 和 $|1\rangle$ 的线性组合表示:

$$|\psi\rangle = \alpha |0\rangle + \beta |1\rangle, \tag{5.1.2}$$

其中 α 和 β 是复数, 满足 $|\alpha|^2 + |\beta|^2 = 1$, 系数 α 称为 $|0\rangle$ 的振幅, 系数 β 称为 $|1\rangle$ 的振幅. $|\alpha|^2 + |\beta|^2 = 1$ 是为了确保量子位正确归一化. 适当的归一化保证当最终读取一个量子位时, 处于 $|0\rangle$ 的概率为 $|\alpha|^2$, 处于 $|1\rangle$ 的概率为 $|\beta|^2$. 由于

$|\alpha|^2+|\beta|^2=1$, 单量子比特的状态还有一种几何表示方法, 也就是式 (5.1.2) 可以改写成

$$|\psi\rangle=\cos\frac{\theta}{2}|0\rangle+e^{\mathrm{i}\varphi}\sin\frac{\theta}{2}|1\rangle,$$

其中 θ, φ 都为实数. 这里 θ, φ 定义了单位三维球上的一个点, 如图 5.1 所示, 该球面称为布洛赫 (Bloch) 球面. 后续的单量子比特门对于量子比特的操作可以形象地在布洛赫球面中展示.

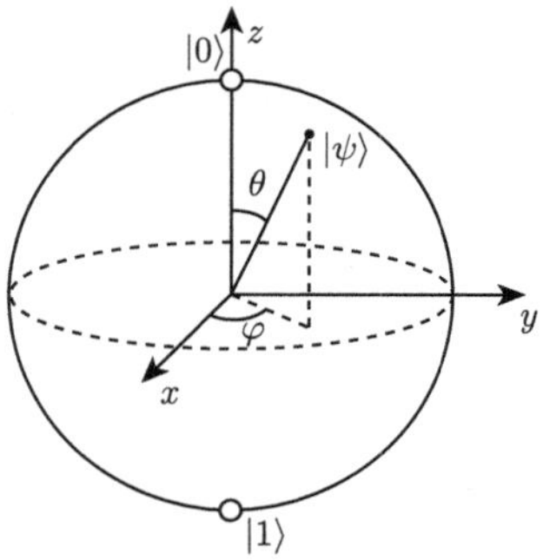

图 5.1 布洛赫球

在量子力学中, 用符号 $|\boldsymbol{\psi}\rangle$ 来表示向量空间中的**向量**, 这称为 "ket". 对于每一个 "ket", 都有一个对应的 "bra". 在数学上, 它们是彼此的对偶, 即

$$\begin{aligned}|\psi\rangle&=\alpha\,|0\rangle+\beta\,|1\rangle=\begin{pmatrix}\alpha\\ \beta\end{pmatrix},\\ \langle\psi|&=\alpha^*\,\langle 0|+\beta^*\,\langle 1|=(\alpha^*,\beta^*).\end{aligned}\tag{5.1.3}$$

在量子计算中, 对于 $|\psi\rangle=\alpha\,|0\rangle+\beta\,|1\rangle$ 和 $|\phi\rangle=\lambda\,|0\rangle+\gamma\,|1\rangle$, 定义它们的内积为

$$\langle\psi\mid\phi\rangle=(\langle\psi|)\,(|\phi\rangle)=(\alpha^*,\beta^*)\begin{pmatrix}\lambda\\ \gamma\end{pmatrix}=\alpha^*\lambda+\beta^*\gamma.\tag{5.1.4}$$

外积为

$$|\psi\rangle\,\langle\phi|=(|\psi\rangle)\,(\langle\phi|)=\begin{pmatrix}\alpha\\ \beta\end{pmatrix}(\lambda^*,\gamma^*)=\begin{pmatrix}\alpha\lambda^* & \alpha\gamma^*\\ \beta\lambda^* & \beta\gamma^*\end{pmatrix}.\tag{5.1.5}$$

5.1.2 计算基态

计算基态是量子计算中的一个基本概念, 任何量子态都可以用计算基态的线性组合表示. 设向量空间的计算基态是向量集 $|\boldsymbol{v}_1\rangle,\cdots,|\boldsymbol{v}_n\rangle$, 则该向量空间中任

意一个向量 $|\boldsymbol{v}\rangle$ 可以写成上述向量集的线性组合. 例如, 向量空间 $\mathbb{C}^2$ 的计算基态为

$$|0\rangle \equiv \begin{pmatrix} 1 \\ 0 \end{pmatrix}, \quad |1\rangle \equiv \begin{pmatrix} 0 \\ 1 \end{pmatrix}. \tag{5.1.6}$$

则向量空间 $\mathbb{C}^2$ 的任意向量

$$|\boldsymbol{v}\rangle = \begin{pmatrix} \alpha \\ \beta \end{pmatrix} \tag{5.1.7}$$

都可以写成 $|\boldsymbol{v}\rangle = \alpha|0\rangle + \beta|1\rangle$.

量子计算中有许多不同的基态, 状态 $|0\rangle$ 和 $|1\rangle$ 是最常见的一种. 例如计算基态也可以为

$$|+\rangle = \frac{|0\rangle + |1\rangle}{\sqrt{2}}, \quad |-\rangle = \frac{|0\rangle - |1\rangle}{\sqrt{2}}. \tag{5.1.8}$$

则

$$\begin{aligned} |\boldsymbol{v}\rangle &= \alpha|0\rangle + \beta|1\rangle \\ &= \alpha\frac{|+\rangle + |-\rangle}{\sqrt{2}} + \beta\frac{|+\rangle - |-\rangle}{\sqrt{2}} \\ &= \frac{\alpha+\beta}{\sqrt{2}}|+\rangle + \frac{\alpha-\beta}{\sqrt{2}}|-\rangle. \end{aligned} \tag{5.1.9}$$

结果表明, 也可以将 $|+\rangle$ 和 $|-\rangle$ 视为计算基态.

5.1.3 张量积

张量积是把向量空间放在一起形成更大的向量空间的一种方法, 这种构造对于理解多粒子系统的量子力学至关重要.

设 V 和 W 分别为希尔伯特空间中 m 维和 n 维的向量空间. 则 $V\otimes W$ 是一个 mn 维的向量空间. $V\otimes W$ 的元素是张量积 $|v\rangle\otimes|w\rangle$ 的线性组合, 其中 $|v\rangle$ 是 V 中元素且 $|w\rangle$ 是 W 中元素. 特别地, 如果 $|i\rangle$ 和 $|j\rangle$ 是空间 V 和 W 的标准正交基, 则 $|i\rangle\otimes|j\rangle$ 是 $V\otimes W$ 的一组基. 对于张量积 $|v\rangle\otimes|w\rangle$, 常使用简写符号 $|v\rangle|w\rangle, |v,w\rangle$ 或者 $|vw\rangle$ 表示.

根据定义, 张量积满足以下基本性质:

- 对于任意标量 z, V 中的元素 $|v\rangle$ 和 W 中的元素 $|w\rangle$, 有

$$z(|v\rangle\otimes|w\rangle) = (z|v\rangle)\otimes|w\rangle = |v\rangle\otimes(z|w\rangle). \tag{5.1.10}$$

- 对于 V 中的任意元素 $|v_1\rangle$ 和 $|v_2\rangle$ 以及 W 中的元素 $|w\rangle$, 有

$$(|v_1\rangle + |v_2\rangle)\otimes|w\rangle = |v_1\rangle\otimes|w\rangle + |v_2\rangle\otimes|w\rangle. \tag{5.1.11}$$

- 对于 W 中的任意元素 $|w_1\rangle$ 和 $|w_2\rangle$ 以及 V 中的元素 $|v\rangle$, 有

$$|v\rangle \otimes (|w_1\rangle + |w_2\rangle) = |v\rangle \otimes |w_1\rangle + |v\rangle \otimes |w_2\rangle. \tag{5.1.12}$$

设 $|v\rangle$ 和 $|w\rangle$ 分别是 V 和 W 中的向量, A 和 B 分别是 V 和 W 上的线性算子. 由以下等式可以定义 $V \otimes W$ 的线性算子 $A \otimes B$:

$$(A \otimes B)(|v\rangle \otimes |w\rangle) = A|v\rangle \otimes B|w\rangle, \tag{5.1.13}$$

将 $A \otimes B$ 的定义推广到 $V \otimes W$ 的所有元素以保证 $A \otimes B$ 的线性, 即

$$(A \otimes B)\left(\sum_i a_i |v_i\rangle \otimes |w_i\rangle\right) = \sum_i a_i A|v_i\rangle \otimes B|w_i\rangle. \tag{5.1.14}$$

以上这些讨论都是抽象的, 下面是个具体的实例. $\boldsymbol{A}$ 是一个 $m \times n$ 的矩阵, $\boldsymbol{B}$ 是一个 $p \times q$ 的矩阵. 得到矩阵表示:

$$\boldsymbol{A} \otimes \boldsymbol{B} \equiv \begin{pmatrix} A_{11}\boldsymbol{B} & A_{12}\boldsymbol{B} & \cdots & A_{1n}\boldsymbol{B} \\ A_{21}\boldsymbol{B} & A_{22}\boldsymbol{B} & \cdots & A_{1n}\boldsymbol{B} \\ \vdots & \vdots & & \vdots \\ A_{m1}\boldsymbol{B} & A_{m2}\boldsymbol{B} & \cdots & A_{mn}\boldsymbol{B} \end{pmatrix}. \tag{5.1.15}$$

例如, 向量 $(1,2)$ 和 $(2,3)$ 的张量积是

$$\begin{pmatrix} 1 \\ 2 \end{pmatrix} \otimes \begin{pmatrix} 2 \\ 3 \end{pmatrix} = \begin{pmatrix} 1 \times 2 \\ 1 \times 3 \\ 2 \times 2 \\ 2 \times 3 \end{pmatrix} = \begin{pmatrix} 2 \\ 3 \\ 4 \\ 6 \end{pmatrix}. \tag{5.1.16}$$

最后, 提出了一个有用的表示法 $|\psi\rangle^{\otimes k}$, 它表示 $|\psi\rangle$ 与自身张量 k 次.

5.2 量 子 门

经典计算机电路是由电路和逻辑门构成的, 电路用于传递消息, 而逻辑门则用于操作信息, 将信息由一种形态转变为另一种形态. 量子计算机有类似的组成, 它是由电路与基本量子门组成的. 在本节中, 我们将对常用的基本量子门进行介绍.

5.2.1 单量子比特门

从下面计算基态为例:

$$|0\rangle = \begin{pmatrix} 1 \\ 0 \end{pmatrix}, \quad |1\rangle = \begin{pmatrix} 0 \\ 1 \end{pmatrix}. \tag{5.2.1}$$

需研究的前三个门是泡利 (Pauli) 门. 这三个矩阵和单位矩阵以及它们的 ± 1 和 $\pm \mathrm{i}$ 的倍数组成了泡利群.

- X 门, 即 NOT 门, 它可以实现 $|0\rangle$ 和 $|1\rangle$ 之间的相互转换, (可以表示为 σ_x).

$$\boldsymbol{X} := \begin{pmatrix} 0 & 1 \\ 1 & 0 \end{pmatrix}. \tag{5.2.2}$$

如果把 X 门作用在 $|0\rangle$ 上, 则有

$$\boldsymbol{X}|0\rangle = \begin{pmatrix} 0 & 1 \\ 1 & 0 \end{pmatrix}\begin{pmatrix} 1 \\ 0 \end{pmatrix} = \begin{pmatrix} 0+0 \\ 1+0 \end{pmatrix} = \begin{pmatrix} 0 \\ 1 \end{pmatrix} = |1\rangle. \tag{5.2.3}$$

用图 5.2 来表示电路图中的 X 门, 它有两种表示.

图 5.2 X 门

- Y 门, 它将状态向量绕 y 轴旋转, 表示为 σ_y.

$$\boldsymbol{Y} = \begin{pmatrix} 0 & -\mathrm{i} \\ \mathrm{i} & 0 \end{pmatrix}. \tag{5.2.4}$$

把 Y 门作用到 $|1\rangle$, 有

$$\boldsymbol{Y}|1\rangle = \begin{pmatrix} 0 & -\mathrm{i} \\ \mathrm{i} & 0 \end{pmatrix}\begin{pmatrix} 0 \\ 1 \end{pmatrix} = \begin{pmatrix} 0-\mathrm{i} \\ 0+0 \end{pmatrix} = \begin{pmatrix} -\mathrm{i} \\ 0 \end{pmatrix} = -\mathrm{i}|0\rangle. \tag{5.2.5}$$

Y 门的电路如图 5.3 所示.

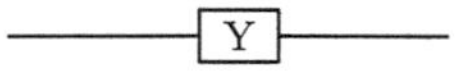

图 5.3 Y 门

- Z 门, 它绕 z 轴旋转状态向量, 可以用 σ_z 表示.

$$\boldsymbol{Z} := \begin{pmatrix} 1 & 0 \\ 0 & -1 \end{pmatrix}. \tag{5.2.6}$$

如果将 Z 门作用在计算基态上, 则有

$$\boldsymbol{Z}|j\rangle = (-1)^j |j\rangle. \tag{5.2.7}$$

用矩阵的形式来表示特殊情况 $j = 0$:

$$\begin{pmatrix} 1 & 0 \\ 0 & -1 \end{pmatrix}\begin{pmatrix} 1 \\ 0 \end{pmatrix} = \begin{pmatrix} 1+0 \\ 0+0 \end{pmatrix} = \begin{pmatrix} 1 \\ 0 \end{pmatrix} = (-1)^0 \left|0\right\rangle . \tag{5.2.8}$$

对于 $j = 1$ 的情况, 有

$$\begin{pmatrix} 1 & 0 \\ 0 & -1 \end{pmatrix}\begin{pmatrix} 0 \\ 1 \end{pmatrix} = \begin{pmatrix} 0+0 \\ 0-1 \end{pmatrix} = \begin{pmatrix} 0 \\ -1 \end{pmatrix} = (-1)^1 \left|1\right\rangle , \tag{5.2.9}$$

其中, X 门、Y 门和 Z 门满足: $\boldsymbol{Y} = \mathrm{i}\boldsymbol{XZ}$. Z 门的电路如图 5.4 所示.

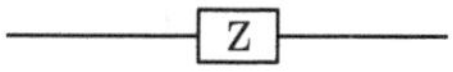

图 5.4　Z 门

- 单位门: 单位门就是维持量子位当前状态的矩阵. 对于单个量子比特, 可以使用矩阵 $\boldsymbol{E}$ 表示.

$$\boldsymbol{E} := \begin{pmatrix} 1 & 0 \\ 0 & 1 \end{pmatrix}. \tag{5.2.10}$$

- 旋转 R_x 门是由 $\boldsymbol{X}$ 矩阵作为生成元生成的, 旋转 R_x 门矩阵形式为

$$\boldsymbol{R}_x(\theta) = e^{-\mathrm{i}\theta X/2} = \begin{pmatrix} \cos(\theta/2) & -\mathrm{i}\sin(\theta/2) \\ -\mathrm{i}\sin(\theta/2) & \cos(\theta/2) \end{pmatrix}. \tag{5.2.11}$$

- 旋转 R_y 门是由 $\boldsymbol{Y}$ 矩阵生成的, 矩阵形式为

$$\boldsymbol{R}_y(\theta) = e^{-\mathrm{i}\theta Y/2} = \begin{pmatrix} \cos(\theta/2) & -\sin(\theta/2) \\ \sin(\theta/2) & \cos(\theta/2) \end{pmatrix}. \tag{5.2.12}$$

- 旋转 R_z 门是由 $\boldsymbol{Z}$ 矩阵作为生成元生成, 其矩阵形式为

$$\boldsymbol{R}_z(\theta) = e^{-\mathrm{i}\theta \boldsymbol{Z}/2} = \begin{pmatrix} e^{-\mathrm{i}\theta/2} & 0 \\ 0 & e^{\mathrm{i}\theta/2} \end{pmatrix}. \tag{5.2.13}$$

- 转向更一般的是 R_φ 门. 当应用这个门时, 保持状态 $\left|0\right\rangle$ 不变, 用 φ 表示状态 $\left|1\right\rangle$ 旋转的角度, 可以表示为下面矩阵形式:

$$\boldsymbol{R}_\varphi = \begin{pmatrix} 1 & 0 \\ 0 & e^{\mathrm{i}\varphi} \end{pmatrix}. \tag{5.2.14}$$

因此, Z 门只是 R_φ 门的一个特例, 其中 $\varphi = \pi$. R_φ 门的电路如图 5.5 所示.

图 5.5 R_φ 门

- S 门为 R_φ 门的一个特殊情况, 其中 $\varphi=\pi/2$,

$$\boldsymbol{S} := \begin{pmatrix} 1 & 0 \\ 0 & \mathrm{i} \end{pmatrix}. \tag{5.2.15}$$

S 门将状态向量围绕 z 轴旋转 $90°$. S 门的电路如图 5.6 所示.

图 5.6 S 门

- 当 $\varphi=\pi/4$ 时, 得到 T 门, 矩阵形式为

$$\boldsymbol{T} := \begin{pmatrix} 1 & 0 \\ 0 & e^{\mathrm{i}\pi/4} \end{pmatrix}. \tag{5.2.16}$$

注意, $\boldsymbol{T}=\boldsymbol{T}^2$. 换句话说, 如果把 T 门应用到表示状态的向量上, 然后再把 T 门应用到第一次操作得到的结果向量上, 就得到了和应用一次 S 门相同的结果 $(45°+45°=90°)$. T 门的电路如图 5.7 所示.

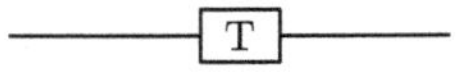

图 5.7 T 门

- H 门在量子计算中至关重要, 它将一个量子比特从一个确定的计算基态变成两个态的叠加态. 其矩阵表示为

$$\boldsymbol{H} := \frac{1}{\sqrt{2}}\begin{pmatrix} 1 & 1 \\ 1 & -1 \end{pmatrix}. \tag{5.2.17}$$

如果将 H 门应用在 $|0\rangle$ 上, 有

$$\boldsymbol{H}|0\rangle = \frac{1}{\sqrt{2}}\begin{pmatrix} 1 & 1 \\ 1 & -1 \end{pmatrix}\begin{pmatrix} 1 \\ 0 \end{pmatrix} = \frac{1}{\sqrt{2}}\begin{pmatrix} 1 \\ 1 \end{pmatrix} = \frac{|0\rangle+|1\rangle}{\sqrt{2}}. \tag{5.2.18}$$

如果将 H 门应用在 $|1\rangle$ 上, 有

$$\boldsymbol{H}|1\rangle = \frac{1}{\sqrt{2}}\begin{pmatrix} 1 & 1 \\ 1 & -1 \end{pmatrix}\begin{pmatrix} 0 \\ 1 \end{pmatrix} = \frac{1}{\sqrt{2}}\begin{pmatrix} 1 \\ -1 \end{pmatrix} = \frac{|0\rangle-|1\rangle}{\sqrt{2}}. \tag{5.2.19}$$

H 门的电路如图 5.8 所示.

图 5.8 H 门

介绍了单位量子门的集合之后, 展示以下恒等式:

$$\begin{aligned}&\boldsymbol{HXH}=\boldsymbol{Z},\\&\boldsymbol{HZH}=\boldsymbol{X},\\&\boldsymbol{HYH}=-\boldsymbol{Y},\\&\boldsymbol{H}^{\dagger}=\boldsymbol{H},\\&\boldsymbol{H}^{2}=\boldsymbol{E}.\end{aligned}\tag{5.2.20}$$

5.2.2 双量子比特门

以下面计算基态为例:

$$|00\rangle=\begin{pmatrix}1\\0\\0\\0\end{pmatrix},\quad|01\rangle=\begin{pmatrix}0\\1\\0\\0\end{pmatrix},\quad|10\rangle=\begin{pmatrix}0\\0\\1\\0\end{pmatrix},\quad|11\rangle=\begin{pmatrix}0\\0\\0\\1\end{pmatrix}.\tag{5.2.21}$$

- 首先讨论 SWAP 门, SWAP 门可以使 $|01\rangle$ 变为 $|10\rangle$, 或者使得 $|10\rangle$ 变成 $|01\rangle$, 下面是 SWAP 门对应的矩阵:

$$\mathbf{SWAP}:=\begin{pmatrix}1&0&0&0\\0&0&1&0\\0&1&0&0\\0&0&0&1\end{pmatrix}.\tag{5.2.22}$$

将 SWAP 门应用到 $|01\rangle$ 有

$$\begin{pmatrix}1&0&0&0\\0&0&1&0\\0&1&0&0\\0&0&0&1\end{pmatrix}\begin{pmatrix}0\\1\\0\\0\end{pmatrix}=\begin{pmatrix}0\\0\\1\\0\end{pmatrix}=|10\rangle.\tag{5.2.23}$$

SWAP 门的电路如图 5.9 所示.

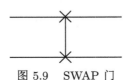

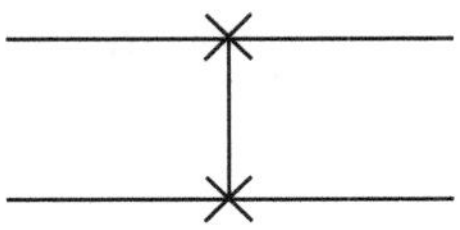
图 5.9 SWAP 门

- CNOT 门是量子计算的一个关键门. 在双量子比特中, 将第一个量子比特识别为控制量子比特, 第二个量子比特识别为目标量子比特. 如果控制量子比特 (用黑点表示) 处于状态 $|0\rangle$, 那么对目标量子比特不做任何操作; 然而, 如果控制量子比特处于 $|1\rangle$ 状态, 那么对目标量子比特应用 X 门. CNOT 门对应的矩阵形式如下:

$$\mathbf{CNOT} := \begin{pmatrix} 1 & 0 & 0 & 0 \\ 0 & 1 & 0 & 0 \\ 0 & 0 & 0 & 1 \\ 0 & 0 & 1 & 0 \end{pmatrix}. \tag{5.2.24}$$

例如, 将 CNOT 门作用在 $|10\rangle$ 态上:

$$\begin{pmatrix} 1 & 0 & 0 & 0 \\ 0 & 1 & 0 & 0 \\ 0 & 0 & 0 & 1 \\ 0 & 0 & 1 & 0 \end{pmatrix} \begin{pmatrix} 0 \\ 0 \\ 1 \\ 0 \end{pmatrix} = \begin{pmatrix} 0 \\ 0 \\ 0 \\ 1 \end{pmatrix} = |11\rangle . \tag{5.2.25}$$

CNOT 门的电路如图 5.10 所示.

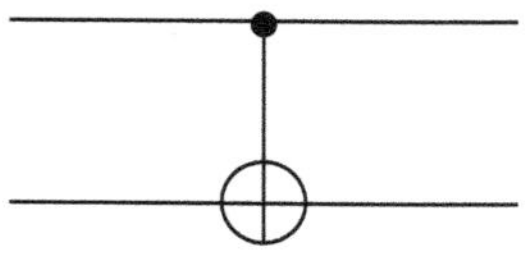

图 5.10　CNOT 门

- 下面介绍另一个控制门: CZ. 就像 CNOT 门一样, 有一个控制量子比特和一个目标量子比特; 然而, 在这个操作中, 如果控制量子比特处于 $|1\rangle$ 状态, 那么将对目标量子比特应用 Z 门. CZ 门的矩阵如下:

$$\mathbf{CZ} := \begin{pmatrix} 1 & 0 & 0 & 0 \\ 0 & 1 & 0 & 0 \\ 0 & 0 & 1 & 0 \\ 0 & 0 & 0 & -1 \end{pmatrix}. \tag{5.2.26}$$

CZ 门的电路如图 5.11, 有两种表示.

图 5.11 CZ 门

5.2.3 多量子比特门

已经讨论了单量子比特门和双量子比特门. 现考虑多量子比特门.

首先介绍两个三量子比特门: CCNOT 门和 CSWAP 门.

- 首先介绍 CCNOT 门, 也称为 Toffoli 门. 类似 CNOT 门, 有控制量子比特和目标量子比特. 在这种情况下, 前两个量子比特是控制量子比特, 第三个是目标量子比特. 两个控制量子比特必须处于 $|1\rangle$ 状态, 才能修改目标量子比特, 此时对目标量子比特应用 NOT 门. 可以将这个运算表示为

$$(x, y, z) \mapsto (x, y, (z \oplus xy)). \tag{5.2.27}$$

矩阵形式为

$$\begin{pmatrix} 1 & 0 & 0 & 0 & 0 & 0 & 0 & 0 \\ 0 & 1 & 0 & 0 & 0 & 0 & 0 & 0 \\ 0 & 0 & 1 & 0 & 0 & 0 & 0 & 0 \\ 0 & 0 & 0 & 1 & 0 & 0 & 0 & 0 \\ 0 & 0 & 0 & 0 & 1 & 0 & 0 & 0 \\ 0 & 0 & 0 & 0 & 0 & 1 & 0 & 0 \\ 0 & 0 & 0 & 0 & 0 & 0 & 0 & 1 \\ 0 & 0 & 0 & 0 & 0 & 0 & 1 & 0 \end{pmatrix}. \tag{5.2.28}$$

例如, 将该门应用于状态 $|110\rangle$, 有

$$\begin{pmatrix} 1 & 0 & 0 & 0 & 0 & 0 & 0 & 0 \\ 0 & 1 & 0 & 0 & 0 & 0 & 0 & 0 \\ 0 & 0 & 1 & 0 & 0 & 0 & 0 & 0 \\ 0 & 0 & 0 & 1 & 0 & 0 & 0 & 0 \\ 0 & 0 & 0 & 0 & 1 & 0 & 0 & 0 \\ 0 & 0 & 0 & 0 & 0 & 1 & 0 & 0 \\ 0 & 0 & 0 & 0 & 0 & 0 & 0 & 1 \\ 0 & 0 & 0 & 0 & 0 & 0 & 1 & 0 \end{pmatrix} \begin{pmatrix} 0 \\ 0 \\ 0 \\ 0 \\ 0 \\ 0 \\ 1 \\ 0 \end{pmatrix} = \begin{pmatrix} 0 \\ 0 \\ 0 \\ 0 \\ 0 \\ 0 \\ 0 \\ 1 \end{pmatrix} = |111\rangle. \tag{5.2.29}$$

在电路图中, 用图 5.12 来表示 Toffoli 门.

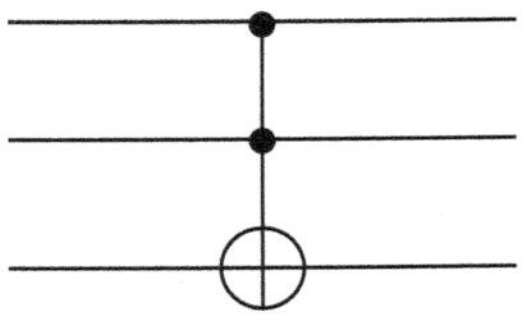

图 5.12 Toffoli 门

- 接下来讨论 CSWAP 门, 也称为 Fredkin 门. 当应用这个门时, 第一个量子比特是控制量子比特, 另外两个是目标量子比特. 如果第一个量子比特处于状态 $|0\rangle$, 不做任何操作, 如果它处于状态 $|1\rangle$, 那么交换另外两个量子比特. 表示这个操作的矩阵是

$$\begin{pmatrix} 1 & 0 & 0 & 0 & 0 & 0 & 0 & 0 \\ 0 & 1 & 0 & 0 & 0 & 0 & 0 & 0 \\ 0 & 0 & 1 & 0 & 0 & 0 & 0 & 0 \\ 0 & 0 & 0 & 1 & 0 & 0 & 0 & 0 \\ 0 & 0 & 0 & 0 & 1 & 0 & 0 & 0 \\ 0 & 0 & 0 & 0 & 0 & 0 & 1 & 0 \\ 0 & 0 & 0 & 0 & 0 & 1 & 0 & 0 \\ 0 & 0 & 0 & 0 & 0 & 0 & 0 & 1 \end{pmatrix}. \tag{5.2.30}$$

例如, Fredkin 门应用于 $|110\rangle$, 有

$$\begin{pmatrix} 1 & 0 & 0 & 0 & 0 & 0 & 0 & 0 \\ 0 & 1 & 0 & 0 & 0 & 0 & 0 & 0 \\ 0 & 0 & 1 & 0 & 0 & 0 & 0 & 0 \\ 0 & 0 & 0 & 1 & 0 & 0 & 0 & 0 \\ 0 & 0 & 0 & 0 & 1 & 0 & 0 & 0 \\ 0 & 0 & 0 & 0 & 0 & 0 & 1 & 0 \\ 0 & 0 & 0 & 0 & 0 & 1 & 0 & 0 \\ 0 & 0 & 0 & 0 & 0 & 0 & 0 & 1 \end{pmatrix} \begin{pmatrix} 0 \\ 0 \\ 0 \\ 0 \\ 0 \\ 0 \\ 1 \\ 0 \end{pmatrix} = \begin{pmatrix} 0 \\ 0 \\ 0 \\ 0 \\ 0 \\ 1 \\ 0 \\ 0 \end{pmatrix} = |101\rangle . \tag{5.2.31}$$

在电路图中, 图 5.13 表示 Fredkin 门.

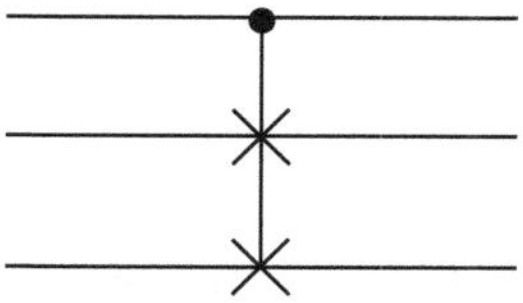

图 5.13 Fredkin 门

- 接下来介绍一个多量子比特门——受控 U 门. 这个门的电路如图 5.14 所示. 假设 U 是作用于 n 个量子比特上的任意酉矩阵, 那么 U 可以看作这些量子比特上的一个量子门. 然后可以定义一个受控 U 门, 它是受控门的扩展. 这样的电路有一个控制量子比特 (用黑点表示) 和 n 个目标量子比特 (用框起来的 U 表示), 如果控制量子比特被设置为 0, 那么目标量子比特不会发生任何变化. 如果控制量子比特被设置为 1, 那么 U 门被应用于目标量子比特. 受控 U 门的典型例子是受控 X 门.

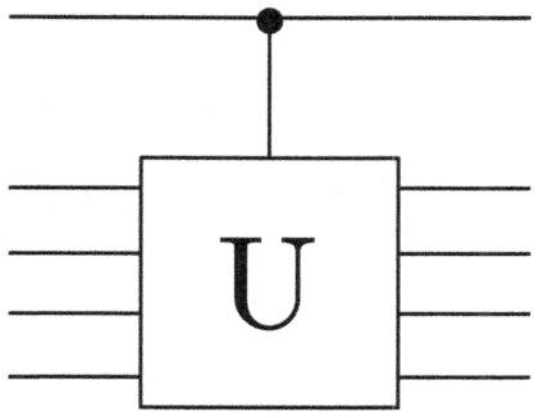

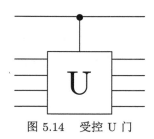

图 5.14 受控 U 门

5.3 量子测量

在量子计算中, 测量也是一种十分重要的操作, 我们用 “meter” 符号来表示, 如图 5.15 所示. 如前所述, 此操作将单个量子比特状态 $|\psi\rangle = \alpha|0\rangle + \beta|1\rangle$ 转换为概率经典位 M(通过将其画成双实线与量子比特区分开来), 0 的概率为 $|\alpha|^2$, 1 的概率为 $|\beta|^2$.

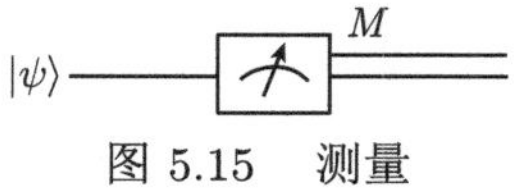

图 5.15 测量

由于量子计算中基态有多种选择, 因此任意态 $|\psi\rangle = \alpha|0\rangle + \beta|1\rangle$ 也有多种表示. 假设基态为 $|+\rangle, |-\rangle$, 那么量子态 $|\psi\rangle$ 可以表示为

$$|\psi\rangle = \frac{\alpha+\beta}{\sqrt{2}}|+\rangle + \frac{\alpha-\beta}{\sqrt{2}}|-\rangle, \tag{5.3.1}$$

在这组新的基底下进行测量, 结果为 "+" 的概率是 $|\alpha+\beta|^2/2$, 结果为 "−" 的概率是 $|\alpha-\beta|^2/2$.

5.4 量子编码

量子态编码是一个将经典信息转化为量子态的过程. 在使用量子算法解决经典问题的过程中, 量子态编码是非常重要的一步. 现讨论三种量子编码的方式, 包括基态编码、角度编码、振幅编码.

5.4.1 基态编码

基态编码是将一个 n 位的二进制字符串 x 转换为一个具有 n 个量子比特的系统的量子态 $|x\rangle=|\psi\rangle$. 其中 $|\psi\rangle$ 为转换后的计算基态. 例如, 对于经典比特 "0", 可以将其编码为量子基态 $|0\rangle$, 对于经典比特 "1", 将其编码为量子基态 $|1\rangle$.

5.4.2 角度编码

角度编码是利用旋转门的旋转角度对经典信息进行编码. 主要包含经典角度编码和密集角度编码两种. 这里主要介绍经典角度编码两种. 经典角度编码是将 N 个经典数据编码至 N 个量子比特上

$$|x\rangle=\bigotimes_{i=1}^{N}\cos(x_i)|0\rangle+\sin(x_i)|1\rangle, \tag{5.4.1}$$

其中 $|x\rangle$ 即为所需编码的经典数据向量. 但是由于一个量子比特不仅可以加载角度信息, 还可以加载相位信息, 因此, 完全可以将一个长度为 N 的经典数据编码至 $\lceil N\rceil$ 个量子比特上,

$$|x\rangle=\bigotimes_{i=1}^{\lceil N/2\rceil}\cos(\pi x_{2i-1})|0\rangle+e^{2\pi \mathrm{i} x_{2i}}\sin(\pi x_{2i-1})|1\rangle, \tag{5.4.2}$$

其中, 将两个数据分别编码至量子特的旋转角度 $\cos(\pi x_{2i-1})|0\rangle$ 与相位信息 $e^{2\pi \mathrm{i} x_{2i}}\cdot\sin(\pi x_{2i-1})|1\rangle$ 中.

5.4.3 振幅编码

振幅编码是将一个长度为 N 的数据向量 $\boldsymbol{x}$ 编码至数量为 $\lceil\log_2 N\rceil$ 的量子比特的振幅上, 具体公式如下:

$$|\psi\rangle=x_0|0\rangle+\cdots+x_{N-1}|N-1\rangle. \tag{5.4.3}$$

5.5 量 子 电 路

本节更详细地介绍了量子电路中的元素. 图 5.16 是一个包含三个量子门的简单量子电路. 电路从左到右读取. 在电路中每一行表示量子电路中的导线. 图 5.16 中的电路完成了一个简单但有用的任务——交换两个量子比特的状态.

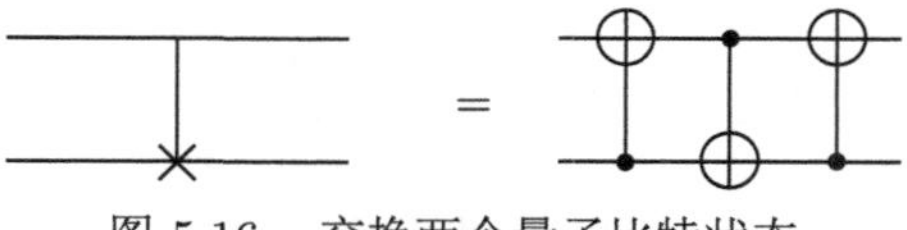

图 5.16 交换两个量子比特状态

为了明白该电路完成的交换操作, 需要注意这一串门在计算基 $|a,b\rangle$ 上的一系列作用:

$$\begin{aligned}|a,b\rangle &\to |a,a\oplus b\rangle\\ &\to |a\oplus(a\oplus b)\,,a\oplus b\rangle = |b,a\oplus b\rangle\\ &\to |b,(a\oplus b)\oplus b\rangle = |b,a\rangle\,.\end{aligned} \tag{5.5.1}$$

因此, 此电路的作用是交换两个量子比特的状态.

在导线上用斜杠 n 符号表示在该状态下准备的 n 个量子位, 如图 5.17 所示.

图 5.17 n 量子位表示

接下来介绍 Bell 态. 现考虑一个稍微复杂的电路, 如图 5.18 所示, 它有一个 H 门, 后面跟着 CNOT 门.

H 门将 $|0\rangle$ 态变为

$$\boldsymbol{H}|0\rangle = \frac{1}{\sqrt{2}}\begin{pmatrix}1 & 1\\ 1 & -1\end{pmatrix}\begin{pmatrix}1\\ 0\end{pmatrix} = \frac{1}{\sqrt{2}}\begin{pmatrix}1\\ 1\end{pmatrix} = \frac{1}{\sqrt{2}}(|0\rangle+|1\rangle)\,. \tag{5.5.2}$$

因此, H 门将 $|00\rangle$ 态变为

$$\frac{1}{\sqrt{2}}(|0\rangle+|1\rangle)|0\rangle\,. \tag{5.5.3}$$

然后经过 CNOT 门给出输出状态 $(|00\rangle+|11\rangle)/\sqrt{2}$.

输入	输出
$\|00\rangle$	$(\|00\rangle+\|11\rangle)/\sqrt{2}\equiv\|\beta_{00}\rangle$
$\|01\rangle$	$(\|01\rangle+\|10\rangle)/\sqrt{2}\equiv\|\beta_{01}\rangle$
$\|10\rangle$	$(\|00\rangle-\|11\rangle)/\sqrt{2}\equiv\|\beta_{10}\rangle$
$\|11\rangle$	$(\|01\rangle-\|10\rangle)/\sqrt{2}\equiv\|\beta_{11}\rangle$

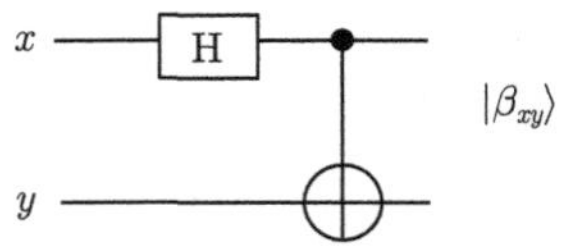

图 5.18　Bell 态

根据图 5.18 给出的表变换四种计算基状态, 输出状态分别为

$$|\beta_{00}\rangle = \frac{|00\rangle + |11\rangle}{\sqrt{2}}, \tag{5.5.4}$$

$$|\beta_{01}\rangle = \frac{|01\rangle + |10\rangle}{\sqrt{2}}, \tag{5.5.5}$$

$$|\beta_{10}\rangle = \frac{|00\rangle - |11\rangle}{\sqrt{2}}, \tag{5.5.6}$$

$$|\beta_{11}\rangle = \frac{|01\rangle - |10\rangle}{\sqrt{2}}, \tag{5.5.7}$$

称为 Bell 态, 有时也称为 EPR 状态或 EPR 对. 状态的记号为 $|\beta_{00}\rangle$, $|\beta_{01}\rangle$, $|\beta_{10}\rangle$, $|\beta_{11}\rangle$, 可以简化为下述方程表示:

$$|\beta_{xy}\rangle \equiv \frac{|0, y\rangle + (-1)^x\,|1, \bar{y}\rangle}{\sqrt{2}}, \tag{5.5.8}$$

其中 $\bar{y}$ 是 y 的负值.

5.6　量子算法

5.6.1　Deutsch 算法

Deutsch 算法是第一个证明量子计算比经典计算有明显优势的算法. 在介绍算法之前先介绍两个函数.

考虑一个函数 $f(x)$, 它将 n 个字符串 x 作为输入并返回 0 或 1. 注意, n 个字符串也是由 0 和 1 组成的.

- 平衡函数: 如果 $f(x) = 0$ 的个数等于 $f(x) = 1$ 的个数, 则称这个函数为平衡函数.

- 常数函数: 如果对任意 $x, f(x)$ 都等于 0 或者 $f(x)$ 都等于 1, 则称这个函数为常数函数.

Deutsch 问题表述为: 给定一个单比特输入、单比特输出的布尔函数, 通过尽可能少地查询次数来确定该函数是平衡函数还是常数函数.

Deutsch 算法的电路图如图 5.19 所示.

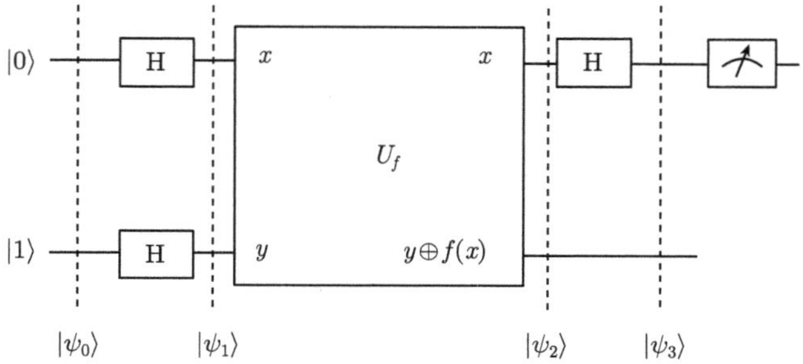

图 5.19 Deutsch 算法

将由映射 $|x,y\rangle \rightarrow |x, y\oplus f(x)\rangle$ 定义的变换命名为 U_f. 从图 5.19 可知, 输入态为

$$|\psi_0\rangle = |01\rangle\,. \tag{5.6.1}$$

通过两个 H 门得到

$$|\psi_1\rangle = (\boldsymbol{H}|0\rangle)(\boldsymbol{H}|1\rangle) = \frac{(|0\rangle+|1\rangle)(|0\rangle-|1\rangle)}{2}. \tag{5.6.2}$$

为了计算方便, 先设具体第一个输入值是 $|x\rangle$, 将 U_f 应用于状态

$$|x\rangle(|0\rangle-|1\rangle)\Big/\sqrt{2},$$

则有

$$\begin{aligned}\frac{U_f|x\rangle(|0\rangle-|1\rangle)}{\sqrt{2}} &= \frac{|x\rangle(|f(x)\rangle-|1\oplus f(x)\rangle)}{\sqrt{2}}\\ &= \begin{cases}[|x\rangle(|0\rangle-|1\rangle)]/\sqrt{2}, & f(x)=0,\\ [|x\rangle(|1\rangle-|0\rangle)]/\sqrt{2}, & f(x)=1\end{cases}\\ &= \frac{(-1)^{f(x)}|x\rangle(|0\rangle-|1\rangle)}{\sqrt{2}}.\end{aligned} \tag{5.6.3}$$

因此, 将 U_f 应用于 $|\psi_1\rangle$, 有两种可能:

$$|\psi_2\rangle = \begin{cases} \pm\left(\left[|0\rangle + |1\rangle/\sqrt{2}\right]\right)\left(\left[|0\rangle - |1\rangle/\sqrt{2}\right]\right), & f(0) = f(1), \\ \pm\left(\left[|0\rangle - |1\rangle/\sqrt{2}\right]\right)\left(\left[|0\rangle - |1\rangle/\sqrt{2}\right]\right), & f(0) \neq f(1). \end{cases} \tag{5.6.4}$$

接着, 在第一个量子位上应用 H 门有

$$|\psi_3\rangle = \begin{cases} \pm|0\rangle\left((|0\rangle - |1\rangle)/\sqrt{2}\right), & f(0) = f(1), \\ \pm|1\rangle\left((|0\rangle - |1\rangle)/\sqrt{2}\right), & f(0) \neq f(1). \end{cases} \tag{5.6.5}$$

如果 $f(0) = f(1)$, 则 $f(0) \oplus f(1) = 0$, 否则为 1, 可以将结果简洁地改写为

$$|\psi_3\rangle = \pm\,|f(0) \oplus f(1)\rangle \left(\frac{|0\rangle - |1\rangle}{\sqrt{2}}\right). \tag{5.6.6}$$

注意到对于常数函数来说 $f(0) \oplus f(1) = 0$, 而平衡函数 $f(0) \oplus f(1) = 1$. 因此根据上式, 当第一个量子比特被测量时, 若测量结果是 0, 则函数是常数函数; 若测量结果是 1, 则函数是平衡函数. 所以通过测量第一个量子位可以确定 $f(0) \oplus f(1)$ 的值. 量子电路能够确定 $f(x)$ 的全局性质, 即 $f(0) \oplus f(1)$, 只使用 $f(x)$ 的一次求值, 比使用经典仪器要快, 后者至少需要两次评估.

5.6.2 Deutsch-Jozsa 算法

Deutsch 算法是一种更一般的量子算法的简单例子, 将其称为 Deutsch-Jozsa 算法.

问题描述: 有一个未知黑盒, $f : \{0,1\}^n \to \{0,1\}$, f 可能有下面两种性质之一:

- f 是常数函数.
- f 是平衡函数.

现要判断 f 具有以上两种性质中的哪一种.

算法的具体步骤如图 5.20 所示. 从电路图可知输入状态为

$$|\psi_0\rangle = |0\rangle^{\otimes n}|1\rangle. \tag{5.6.7}$$

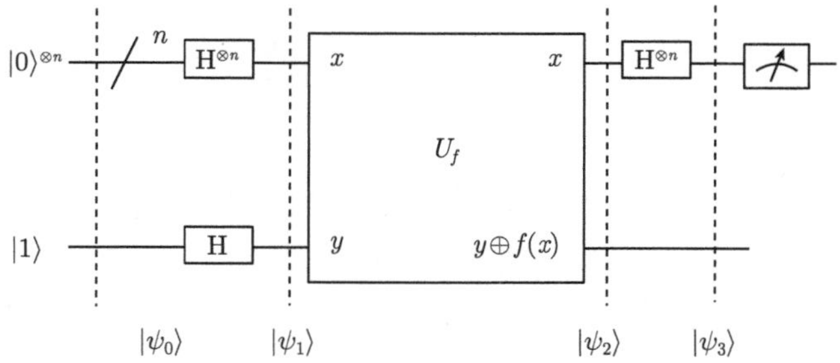

图 5.20 Deutsch-Jozsa 算法

接着进行阿达马 (Hadamard) 变换, 有

$$|\psi_1\rangle = \sum_{x\in\{0,1\}^n} \frac{|x\rangle}{\sqrt{2^n}} \left(\frac{|0\rangle - |1\rangle}{\sqrt{2}}\right). \tag{5.6.8}$$

接下来, 函数 f 用 $U_f : |x, y\rangle \to |x, y \oplus f(x)\rangle$ 求值, 给出

$$|\psi_2\rangle = \sum_x \frac{(-1)^{f(x)} |x\rangle}{\sqrt{2^n}} \left(\frac{|0\rangle - |1\rangle}{\sqrt{2}}\right). \tag{5.6.9}$$

要确定阿达马变换的结果, 首先要计算阿达马变换对状态的影响. 通过分别计算 $x = 0$ 和 $x = 1$ 的情况, 由于对于单个量子位, 其状态可写成 $\boldsymbol{H}|x\rangle = \sum_z (-1)^{xz} |x\rangle/\sqrt{2}$, 因此对于 n 个量子位可以表示为

$$\boldsymbol{H}^{\otimes n} |x_1, \cdots, x_n\rangle = \frac{\sum\limits_{z_1,\cdots,z_n} (-1)^{x_1z_1+\cdots+x_nz_n} |z_1, \cdots, z_n\rangle}{\sqrt{2^n}}. \tag{5.6.10}$$

这可以用一个更简洁的方程概括:

$$\boldsymbol{H}^{\otimes n} |x\rangle = \frac{\sum\limits_z (-1)^{x\cdot z} |z\rangle}{\sqrt{2^n}}, \tag{5.6.11}$$

其中 $x \cdot z$ 是 x 和 z 的内积, 利用这个方程和式 (5.6.9), 可以求出

$$|\psi_3\rangle = \sum_z \sum_x \frac{(-1)^{x\cdot z + f(x)} |z\rangle}{2^n} \left(\frac{|0\rangle - |1\rangle}{\sqrt{2}}\right). \tag{5.6.12}$$

注意, 状态$|0\rangle^{\otimes n}$的振幅为$\sum_x (-1)^{f(x)}/2^n$. 当 f 是常数函数时,$\sum_x (-1)^{f(x)}/2^n = \pm 1$. 平方之后就等于 1, 所以测出 $|0\rangle^{\otimes n}$ 的概率是 1; 当 f 为均匀函数时, $\sum_x (-1)^{f(x)}/2^n = 0$, 所以测出 $|0\rangle^{\otimes n}$ 的概率是 0.

5.7　习　　题

1. 对于 $\begin{pmatrix} 5 \\ -6 \end{pmatrix} \in \mathbb{R}^2$ 和 $\begin{pmatrix} \pi \\ 0 \\ 3 \end{pmatrix} \in \mathbb{R}^3$, 求出它们在 $\mathbb{R}^2 \otimes \mathbb{R}^3$ 上的张量积.

2. 量子比特对可以表示为 $|\psi\rangle = \alpha_{00}|00\rangle + \alpha_{01}|01\rangle + \alpha_{10}|10\rangle + \alpha_{11}|11\rangle$, 计算经过测量后, 得到各种状态的概率.

第 6 章　大　模　型

大模型是指在人工领域中使用的大规模神经网络模型, 有着参数规模大、数据量大、计算资源要求高、性能优异等特点. 它最大的优势在于能够处理更加复杂的任务并且在各种应用场景中表现出色. 本章介绍了大模型的一些基本概念以及一些典型的神经网络结构模型, 比如循环神经网络、长短期记忆神经网络以及 Transformer 架构. 有关大模型及其应用的详细信息可以在参考文献 [63] 中找到.

6.1　基 本 概 念

本节详细介绍大模型的一些基本概念.

6.1.1　大模型与小模型

大模型也称基础模型, 拥有着巨量参数和复杂计算架构的机器学习模型, 主要由深度神经网络构成, 参数数量可达数十亿乃至千亿. 设计大模型的初衷是用于增强模型的表现力和预测能力, 使其能够应对更复杂的工作和数据集.

大模型在自然语言处理、计算机视觉、语音识别以及推荐系统等多个领域有着广泛的应用. 通过大量数据的训练, 大模型能够学习到复杂的数据模式和特征并展现出更强的泛化能力, 从而能对新数据做出更精确的预测.

小模型通常指参数较少、网络结构较简单的模型. 它们的特点是运行效率高和部署方便, 比较适用于数据量不大且计算资源受限的环境. 随着训练数据的增加和模型复杂度 (即参数) 扩大, 当达到一定规模时, 模型会展现出意想不到的复杂能力和特性. 这种能力可以让模型从基础训练数据中自主学习并挖掘出新的特征和模式. 拥有这种能力的机器学习模型, 称为大模型.

大模型相比小模型拥有更多的参数和更深的网络架构, 因此它们具有更强的表征能力和更高的预测精度. 大模型更适用于处理大数据集和拥有丰富计算资源的场景, 例如人工智能、高性能计算等. 但这也意味着在训练过程中需要更多的计算资源和时间.

6.1.2　发展历程

(1) **开端期**　自 1956 年提出“人工智能” (artificial intelligence, AI) 概念开始, AI 发展由最开始基于小规模知识逐步发展为基于机器学习. 随后在 20 世纪

80 年代, 卷积神经网络 (convolutional neural network, CNN) 雏形诞生. 在 1998 年, 现代卷积神经网络的基础框架问世, 标志着机器学习从初期的浅层学习模型转向了深度学习模型, 这也为进一步探索自然语言处理、计算机视觉等领域提供了坚实的基础, 并对后续深度学习架构的演进以及大模型开发产生了划时代的影响.

(2) **研究积累期** 自然语言处理模型可以将单词转换为 "词向量模型", 更便于计算机处理文本数据. 同时被誉为 21 世纪最强大算法模型之一的生成对抗网络 (generative adversarial network, GAN) 诞生, 标志着深度学习进入了生成模型研究的新阶段. 在 2017 年, Google 提出了基于自注意力机制的神经网络架构——Transformer 架构, 为大模型预训练提供了坚实的基础. GPT-1 和 BERT 大模型的发布, 标志着预训练大模型成为自然语言处理领域的主流模型. 在这个阶段, 以 Transformer 为代表的新神经网络架构使大模型的技术性能得到了显著提升.

(3) **快速发展期** OpenAI 所推出的 GPT-3 模型的参数量达到了 1750 亿, 成为当时最大的语言模型, 并在没有任何样本学习任务下取得了显著的进步. 随后, 各种策略相继出现, 用于进一步提升模型的泛化能力. 2022 年基于 GPT-3.5 的 ChatGPT 以真实的自然语言交互和多样化的内容生成能力在互联网上引起轰动. 次年最新发布的大规模预训练模型 GPT-4 问世, 它比之前更具备了理解和生成多模态内容的能力. 在这个迅速发展时期, 大数据和强大算力的融合极大地提高了模型的预训练能力. ChatGPT 就是在强大算力支持下基于 Transformer 架构采用基于人类反馈的强化学习进行精细调整取得的成果.

6.1.3 分类

根据所处理的数据类型不同, 大模型可以分为三大类: 视觉大模型、语言大模型和多模态大模型.

(1) **视觉大模型** 视觉大模型主要应用于计算机视觉任务中的图像分析问题, 它可以对大规模且有意义的图像数据进行训练来实现各种任务, 如图像分类、图像分割、目标检测等.

(2) **语言大模型** 语言大模型是在自然语言处理 (natural language processing, NLP) 领域中, 处理文本数据且理解自然语言的一种大模型. 它可以通过对大规模语库数据进行训练, 来学习语义、语法等规则.

(3) **多模态大模型** 多模态大模型是前两种大模型的结合, 能够处理不同类型的数据. 它结合了视觉和语言大模型的能力, 可以对多模态的数据进行处理和分析, 从而进一步理解复杂数据.

6.2 预训练与微调

大模型训练是一个非常复杂的过程, 通常包括预训练和微调两个阶段. 预训练是指预先训练的一个模型或者预先训练模型的过程, 微调则是指将预训练好的模型用于特定的数据集, 并使得网络参数适应于该数据集的过程. 本节详细介绍这两个阶段的过程.

6.2.1 预训练阶段

无论是处理"视觉"任务还是"自然语言"问题, 大模型都会事先进行预训练处理. 所谓预训练, 其实也是训练, 但其关键在于"预"字, 它的目的是创建一个通用大模型并且在一个海量数据库中训练, 最后保存一个预训练模型. 当搭建一个网络模型来处理一个特定的问题时, 我们需要先随机初始化参数再进行网络训练, 直至整个网络的损失越来越小. 在这个过程中, 如果在某一时刻对结果充分满意, 此时就可以将模型参数保存下来以方便在执行类似任务时调取训练好的网络来达到较好的结果.

实际上, 在卷积神经网络中很少有从头训练的一个 CNN 网络. 因为数据规模往往较小, 可能只有几百张或者几千张. 如果使用更复杂的模型, 很容易会造成过拟合. 所以预训练过程可以在大规模数据中训练出一个较好的模型作为类似任务的特征提取器以方便后续微调, 这样既可以节省计算资源又能达到较好的效果.

6.2.2 微调阶段

在给定预训练模型时, 可以基于此模型进行微调. 相比于从头训练模型, 微调可以帮助节省大量计算资源, 甚至可以提高结果准确率. 模型微调的主要思想是在新的有少量标签的数据集下对预训练模型再次进行训练, 使模型更好地适应特定的任务. 在这个过程中, 模型参数会根据新数据集的分布进行调整, 这样做的最大好处是微调后的模型既有了预训练模型的能力又能够适应新数据分布, 可以减少过拟合问题.

通常进行微调的方法是在预训练模型的最后一层添加一个新的分类层, 然后根据新的数据分布进行微调. 另外还可以人工添加增强模型能力的数据, 或者在一个任务上将训练过的模型作为新任务的起点, 然后对模型参数进行微调来适应新任务.

普通预训练模型的特点是具备提取浅层基本特征能力. 若不采取微调措施, 模型会存在不收敛、参数不够优化、泛化能力差等风险. 当使用的数据集和预训练数据集相似或者使用的数据集数量偏少, 都可以通过微调来训练模型.

大模型的训练是一个复杂且渐近的过程, 从一个通用场景到一个特定场景的构建, 需要预训练与微调等过程, 这种训练方法不仅可以提高模型的性能, 同时也增强了在实际应用中的可靠性.

6.3 循环神经网络

在多层感知机中, 不难发现信息的传递是单向的, 这样可以使得网络更容易学习, 但是在某种程度上也减弱了模型的性能. 在这种神经网络中, 不同层的神经元的每次输入都是独立的, 即网络的输出仅仅依赖当前的输入. 在现实情况中, 很多时候我们所关注的网络输出不仅仅只和当前输入有关, 还与其过去一段时间的输出相关. 而且, 像时间序列数据, 如视频、语音、文本等, 它们的序列长度一般是不固定的, 所以要想处理这种数据, 需要一种更强的模型.

循环神经网络 (recurrent netural network, RNN) 是一类具有短期记忆能力的神经网络. 在该结构中, 神经元不仅可以接受其他神经元的信息, 还可以接受本身的信息, 形成具有环路的网络结构, 故得名循环神经网络. 与之对比的前馈神经网络是一种静态网络, 并不具备记忆能力, 并且 RNN 在语音识别、语言翻译等场合被广泛应用.

当输入 x_t 时, 对应神经元输出为 $h_t = f(h_{t-1}, x_t)$, 可以看到当前状态 h_t 不仅和当前输入 x_t 有关系, 还与上一时刻 h_{t-1} 有关系. 因此我们可以采用 RNN 模型处理时序数据.

6.3.1 RNN 的结构

RNN 有一到一、一到多、多到一、多到多这四种结构. 当只有单个神经网络时, 即一到一结构. 单个输入转化为序列输出时为一到多结构, 它可以处理图片数据. 当序列输入转化为单个输出时, 为多到一结构. 应用在语言翻译、文本摘要、对话生成领域的序列到序列 (sequence to sequence, seq2seq) 模型以及当输入输出为等长序列时均称为多到多结构. 多到多结构有两种形式. 本小节会详细介绍几个常用的结构.

6.3.1.1 一到多结构

本小节中所用的 R, W, a 和 b 都为网络参数, f 为非线性激活函数. 结构如图 6.1 所示, 当一个输入只输送给 RNN 中第一个神经元时, 它的传递过程为

$$h_1 = f(Rx + Wh_0 + b), \tag{6.3.1}$$

$$h_N = f(Wh_{N-1} + b), \tag{6.3.2}$$

$$y_i = ah_i. \tag{6.3.3}$$

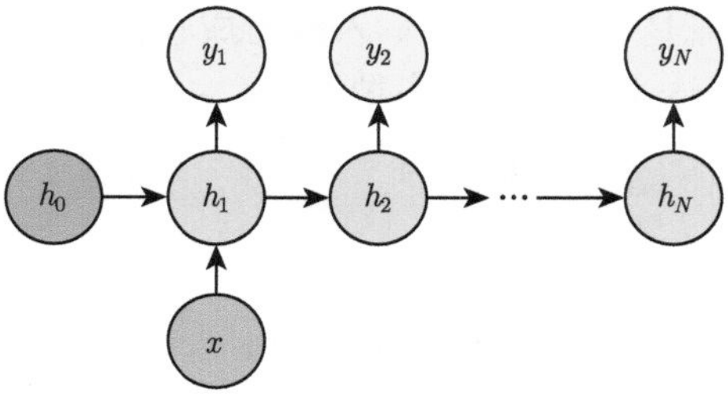

图 6.1 一到多结构 (第一种形式)

当一个输入传送给下一层的所有神经元时, 结构如图 6.2 所示, 其传递过程为

$$h_1 = f(Rx + Wh_0 + b), \tag{6.3.4}$$

$$h_N = f(Rx + Wh_{N-1} + b), \tag{6.3.5}$$

$$y_i = ah_i. \tag{6.3.6}$$

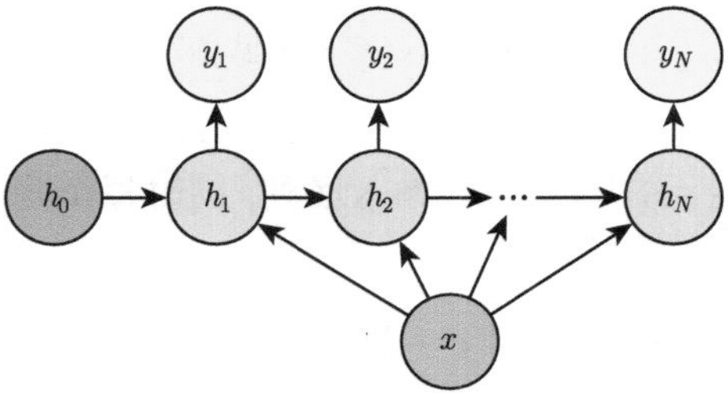

图 6.2 一到多结构 (第二种形式)

6.3.1.2 多到一结构

当下一层每个神经元都有不同的输入时, 结构如图 6.3 所示, 其传递过程为

$$h_1 = f(Rx_1 + Wh_0 + b), \tag{6.3.7}$$

$$h_N = f(Rx_N + Wh_{N-1} + b), \tag{6.3.8}$$

$$y_i = ah_i. \tag{6.3.9}$$

6.3.1.3 多到多结构——seq2seq 结构

seq2seq 结构是多到多的一种类型, 它的输入和输出为不等长的序列结构, 又叫 Encoder-Decoder(编码器–解码器) 模型. 在这个结构中, 编码器的作用是将输入序列数据编码成一个语义向量, 再由解码器解码. 在解码的过程中, 将前一刻的输出作为下一个神经元的输入一直到输出停止为止. 该模型常见的有三种形式,

它们的编码器部分大概是一样的：将输入映射成输出，中间隐状态并没有任何的输出．此时得到的这个语义向量有很多种方式：

$$c = h_i, \tag{6.3.10}$$

$$c = z(h_i), \tag{6.3.11}$$

$$c = z(h_{i-3}, h_{i-2}, h_{i-1}, h_i). \tag{6.3.12}$$

此处的 z 表示在得到 h_i 的基础上进行变换．而对于解码器的部分，不同的 seq2seq 结构的形式会有很大的不一样．

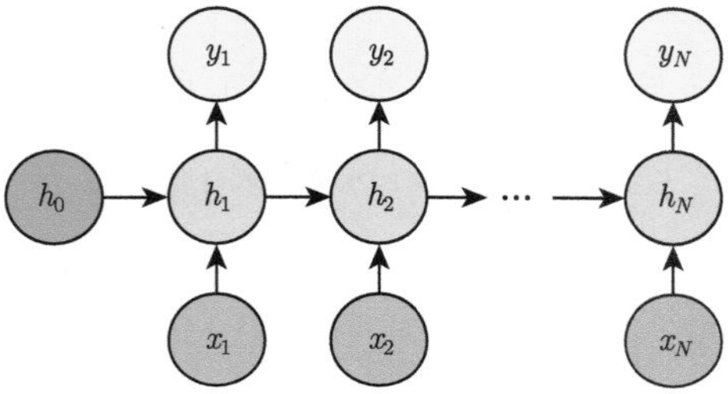

图 6.3　多到一结构

第一种形式：与传统的结构相比，该解码器将语义向量当成 RNN 的初始隐藏状态，而且后续的神经元并没有进行输入序列，同时每个隐状态都进行了输出，结构如图 6.4 所示．此时的传递过程为

$$h'_i = f(Rx_i + Wc + b) = f(Wc + b), \tag{6.3.13}$$

$$h'_m = f(Rx_m + Wh_{m-1} + b) = f(Wh_{m-1} + b), \tag{6.3.14}$$

$$y_i = ah_i, \tag{6.3.15}$$

其中由于没有输入 x，网络参数 R 并没有起作用．

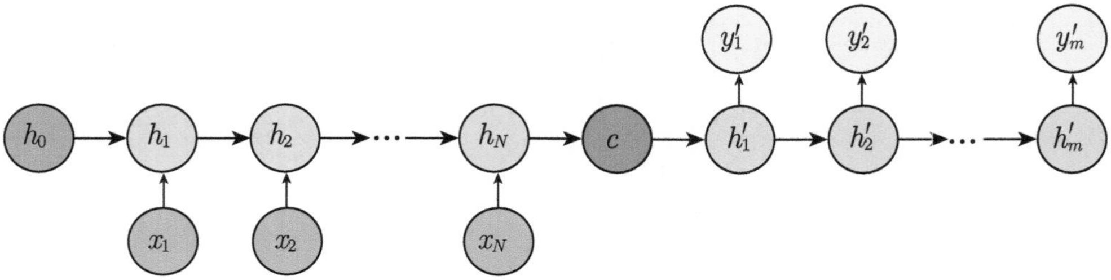

图 6.4　seq2seq 结构 (第一种形式)

第二种形式：编码器输出的语义向量不再作为第一种的初始隐藏状态，而是将其作为输入直接输送到所有神经元中，结构如图 6.5 所示．其传递过程为

$$h'_i = f(Rx_i + Wh'_{i-1} + b) = f(Rc + Wh'_{i-1} + b), \tag{6.3.16}$$

$$h'_m = f(Rx_m + Wh_{m-1} + b) = f(Rc + Wh_{m-1} + b), \tag{6.3.17}$$

$$y_i = ah_i. \tag{6.3.18}$$

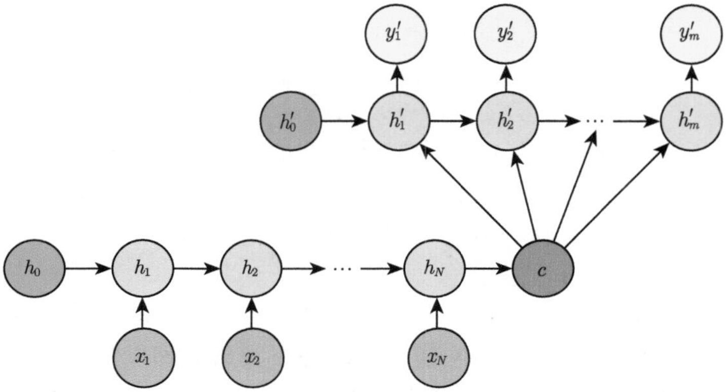

图 6.5 seq2seq 结构 (第二种形式)

第三种形式: 与上一种形式相比, 这种形式在输入时加上了上一个神经元的输出, 结构如图 6.6 所示. 其传递过程为

$$h'_i = f(Rc + Wh'_{i-1} + ay'_{i-1} + b), \tag{6.3.19}$$

$$h'_m = f(Rc + Wh_{m-1} + ay'_{m-1} + b), \tag{6.3.20}$$

$$y_i = ah_i. \tag{6.3.21}$$

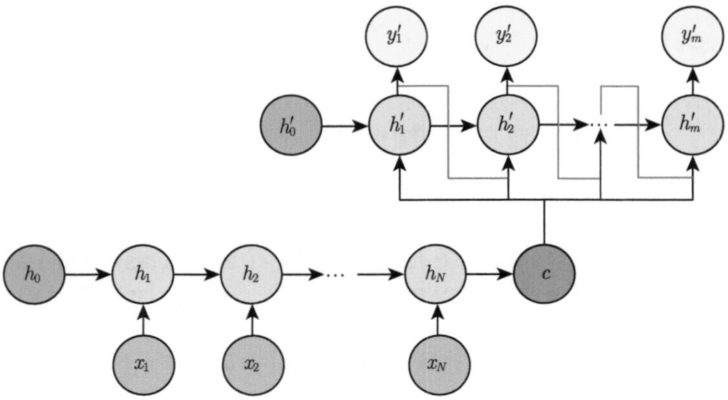

图 6.6 seq2seq 结构 (第三种形式)

6.3.2 RNN 的应用

RNN 适合处理时间序列的数据. 目前, RNN 已经在自然语言处理、音视频生成、时序预测三个领域中被广泛应用. RNN 与 CNN 的不同之处在于, RNN 所要解决的一直是 "记忆" 问题, 而不是 "提取" 问题, 故二者并不矛盾, 反而可以进行融合创建新的模型.

6.4 长短期记忆神经网络

在上面所介绍的传统的 RNN 模型中, 当它们去处理长序列数据时可能会出现梯度消失或梯度爆炸的问题, 这也就限制了该模型对序列中长期依赖关系的建模能力. 为了解决这个问题, 在对 RNN 进行改进的基础上出现了一些新的网络模型.

长短期记忆 (long short term memory, LSTM) 神经网络是一种改进的循环神经网络架构, 目的是解决 RNN 模型中的梯度消失和梯度爆炸问题以增强对长序列数据的建模能力. 当较早的时间轴的梯度信息在反向传播到初始层几乎为 0 时, 梯度消失问题会使得 RNN 在训练时很难捕捉到长期依赖关系, 梯度爆炸问题会导致训练过程的不稳定, 权重更新过大. LSTM 可以完美解决这些问题, 并且它在处理信息时会选择性地保留重要细节并忽略不相关部分, 以此进行后续处理.

6.4.1 LSTM 的结构

LSTM 引入了一个可以存储和访问信息的记忆单元, 而且这个单元可以通过门控机制来控制信息的传播. 它的关键部分有三个: 遗忘门、输入门和输出门. 下面将按照结构顺序依次介绍这三个部分.

6.4.1.1 遗忘门

这个算法首先要决定单元状态保留什么信息和丢弃什么信息, 其决策过程就是由 "遗忘门" 来控制的. 遗忘门的结构如图 6.7 所示, 输入的 h_{t-1} 和 x_t 经过神经元后到达 sigmoid 层 (即图 6.7 中的 σ 层), 最后会输出一个 0 到 1 之间的数, "0" 代表完全丢弃这个值, 而 "1" 则代表完全保留这个值. 遗忘门在实际应用中作用很大, 例如当执行文本分析任务时, 在得到一个新的主题前我们会选择遗忘旧的主题记忆并应用新的主题信息以预测准确的词. 遗忘门的传递过程为

$$f_t = \sigma(W_f \cdot [h_{t-1}, x_t] + b_f). \tag{6.4.1}$$

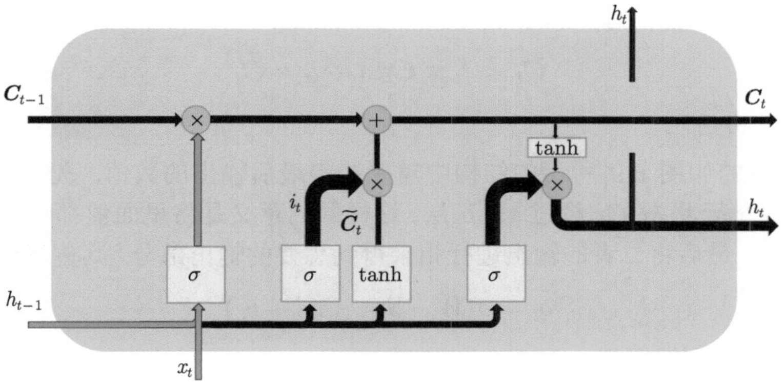

图 6.7 遗忘门 (橙色标注为遗忘门结构, 黑色标注为其他结构)

6.4.1.2 输入门

接下来要考虑在单元状态里去存储什么样的信息. 如图 6.8 所示, 在这个结构中我们需要考虑两个部分. 一个是继续通过 sigmoid 层去筛选哪些数据需要更新; 另一个是利用 tanh 层为新的候选值创建一个向量 $\widetilde{C_t}$, 并将这些值输送到单元中, 最后将前面两个部分进行合并来对单元更新. 此时的传递过程为

$$i_t = \sigma(W_i \cdot [h_{t-1}, x_t] + b_i), \tag{6.4.2}$$

$$\widetilde{C_t} = \tanh(W_{\boldsymbol{C}} \cdot [h_{t-1}, x_t] + b_{\boldsymbol{C}}), \tag{6.4.3}$$

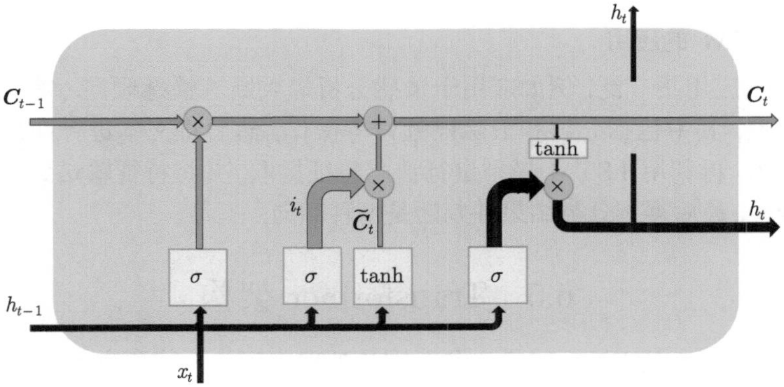

图 6.8 输入门 (橙色标注为输入门结构, 黑色标注为其他结构)

此时可以决定遗忘还是新添加记忆, 然后更新旧的单元状态 $\boldsymbol{C}_{t-1}$ 至新的单元状态 $\boldsymbol{C}_t$. 最后将旧的单元状态 $\boldsymbol{C}_{t-1}$ 与 f_t 相乘, 遗忘之前所决定好的东西再加上

$i_t * \widetilde{\boldsymbol{C}_t}$ 的新的记忆信息, 表达式为

$$\boldsymbol{C}_t = f_t \times \boldsymbol{C}_{t-1} + i_t \times \widetilde{\boldsymbol{C}_t}. \tag{6.4.4}$$

6.4.1.3 输出门

在最后的如图 6.9 所示的结构中需要决定最后输出的数值. 先经过 sigmoid 层, 然后将单元状态 $\boldsymbol{C}_t$ 经过 tanh 层, 这样做的意义是将里面值都映射成 -1 到 1 之间的数, 最后将二者的输出进行相乘得到想要的输出部分. 其传递过程为

$$o_t = \sigma(W_o \cdot [h_{t-1}, x_t] + b_o), \tag{6.4.5}$$

$$h_t = o_t \times \tanh(\boldsymbol{C}_t). \tag{6.4.6}$$

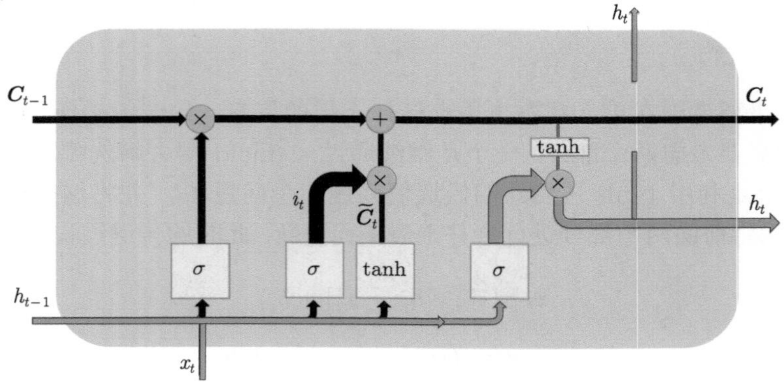

图 6.9 输出门 (橙色标注为输出门结构, 黑色标注为其他结构)

6.4.2 LSTM 的应用

LSTM 应用很广泛, 例如应用于情感分析以判断其情感倾向. 首先要将文本进行预处理, 其中包括分词和去除停顿词等操作, 然后将文本进行向量化即转为词向量序列, 再利用 LSTM 模型进行情感特征提取, 并将特征输送到分类层上进行情感分类, 最后得到分类结果并判断是何种倾向.

6.5 Transformer 架构

Transformer 与 RNN 的最主要区别是处理序列的性能和方式: RNN 通过循环来处理序列, 会出现前面介绍的梯度消失和梯度爆炸问题; 但 Transformer 架构可以通过自注意力机制来处理序列, 且不会出现梯度消失和爆炸的问题, 同时处理效率更为高效. 因此在自然语言处理领域 Transformer 已经成为主流的模型框架并在很多任务上取得了显著的性能提升. 本节将介绍 Transformer 的详细内容.

6.5.1 自注意力机制

当在处理词性标注任务时, 一个句子会出现两个相同但词性完全不同的单词. 应用全连接层时, 若这个网络架构完全不知道同一单词的不同词性就会导致输出相同的结果. 因此应该让全连接网络去考虑上下文信息. 可以给序列向量设定一个窗口的形式, 这时就会考虑整个窗口内的上下文信息. 这样的做法其实还是有漏洞的, 因为序列长度长短不一, 需要统计最大的序列长度, 进而需要设定一个最大的窗口长度, 这也意味着全连接层需要更多的网络参数, 加大了计算量, 并且容易产生过拟合现象.

那有没有一种更好的方法去考虑整个序列信息呢? 答案是有的, 就是运用自注意力机制. 将一个序列输入到自注意力机制上, 它会输出对应且带有考虑上下文信息的向量. Transformer 的并行计算和长距离依赖关系都离不开自注意力机制, 并且能够有效捕捉序列信息中的长距离依赖关系. 并行计算也使得 Transformer 计算效率更高.

将一个序列向量 $(\boldsymbol{a}^1, \boldsymbol{a}^2, \boldsymbol{a}^3, \boldsymbol{a}^4)$ 输入到自注意力机制, 它会输出相应的序列向量 $(\boldsymbol{b}^1, \boldsymbol{b}^2, \boldsymbol{b}^3, \boldsymbol{b}^4)$, 此时输出向量会考虑所有输入的序列向量. 考虑 $\boldsymbol{b}^1$ 这个向量是如何生成的, 首先根据 $\boldsymbol{a}^1$ 找到与之相关的向量, 这就需要考虑整个序列中哪些部分是重要的, 哪些是不重要的, 哪些是和 $\boldsymbol{a}^1$ 同等重要的. 这个关联程度可以用数值 α 表示, 计算 α 有很多种方法, 在此详细介绍其中一种方法——点积. 将输入的向量分别乘以两个不同的矩阵, 就会得到两个不同的向量, 此时将得到的两个向量做点积得到 α. 接下来套用在自注意力机制中, 将 $\boldsymbol{a}^1$ 乘以矩阵 $\boldsymbol{W}^q$ 得到一个称为查询的向量 $\boldsymbol{q}^1$, 它的作用是在序列中进行查询或注意, 如图 6.10 所示. 公式如下:

$$\boldsymbol{q}^1 = \boldsymbol{W}^q \boldsymbol{a}^1, \tag{6.5.1}$$

此时, $\boldsymbol{a}^2$ 乘以矩阵 $\boldsymbol{W}^k$ 就会得到一个名为键 (key) 的向量 $\boldsymbol{k}^2$, 它粗略地描述了该元素所提供的信息, 同时它的设计可以根据查询来识别所要关注的元素. 在得到 $\boldsymbol{k}^2$ 之后, 将上一步得到的 $\boldsymbol{q}^1$ 与 $\boldsymbol{k}^2$ 作点积会得到一个数值即分数 $\alpha_{1,2}$, 它表示 $\boldsymbol{a}^1$ 与 $\boldsymbol{a}^2$ 之间的相关性, 此时的 α 还可以称为注意分数. 以此类推, 可以计算出 $\boldsymbol{a}^1$ 和 $\boldsymbol{a}^3$, $\boldsymbol{a}^4$ 相应的 α 值. 值得注意的是, 在实际过程中 $\boldsymbol{a}^1$ 也会计算与自己的关联性. 在得到每一个 α 后, 还要经过 softmax 层, 与分类任务相同, 然后得到相应的分数 $\alpha'_{1,1}$, $\alpha'_{1,2}$, $\alpha'_{1,3}$, $\alpha'_{1,4}$. 其具体计算公式如下:

$$\alpha'_{1,i} = \frac{\exp(\alpha_{1,i})}{\sum\limits_j \exp(\alpha_{1,j})}. \tag{6.5.2}$$

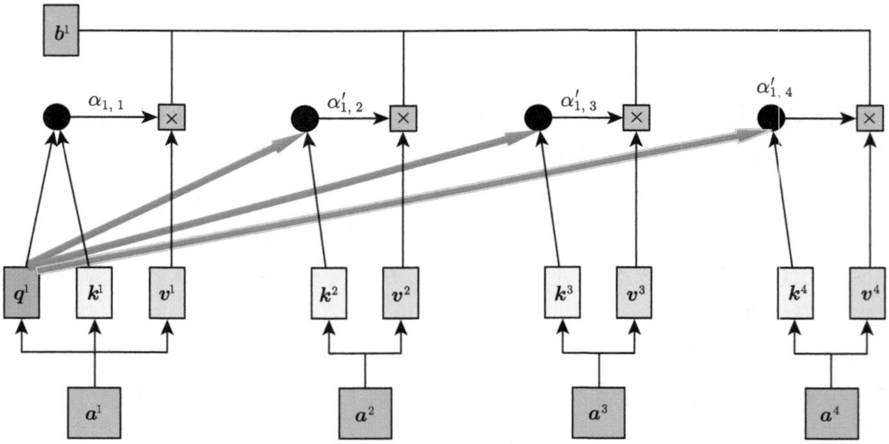

图 6.10　自注意力机制运算过程

得到 α' 后, 需要用关联性信息的分数抽取整个序列里的重要信息:

$$\boldsymbol{v}^1 = \boldsymbol{W}^v \boldsymbol{a}^1, \tag{6.5.3}$$

同理, 由上式可得 $\boldsymbol{v}^2$, $\boldsymbol{v}^3$, $\boldsymbol{v}^4$. 然后将 $\boldsymbol{v}$ 向量与前面对应的 α' 相乘再相加:

$$\boldsymbol{b}^1 = \sum_i \alpha'_{1,i} \boldsymbol{v}^i. \tag{6.5.4}$$

其中若某一个向量得到的分数越高, 即代表 $\boldsymbol{a}^1$ 与某个向量关联性越强, 得到的 α' 数值越大, 则最后得到的 $\boldsymbol{b}^1$ 的值越接近 α' 值.

根据上述针对 $\boldsymbol{b}^1$ 的推理, 重复相应的步骤即可得到相应的 $\boldsymbol{b}^2$, $\boldsymbol{b}^3$, $\boldsymbol{b}^4$. 但重复相似的过程不仅会增大计算量且不具有数学性, 因此可以利用线性代数中的矩阵运算去简化上述过程, 令 $\boldsymbol{X} = (\boldsymbol{a}^1, \boldsymbol{a}^2, \boldsymbol{a}^3, \boldsymbol{a}^4)$, 则

$$\boldsymbol{Q} = (\boldsymbol{q}^1, \boldsymbol{q}^2, \boldsymbol{q}^3, \boldsymbol{q}^4) = \boldsymbol{W}^q \boldsymbol{X},$$

$$\boldsymbol{K} = (\boldsymbol{k}^1, \boldsymbol{k}^2, \boldsymbol{k}^3, \boldsymbol{k}^4) = \boldsymbol{W}^k \boldsymbol{X},$$

$$\boldsymbol{V} = (\boldsymbol{v}^1, \boldsymbol{v}^2, \boldsymbol{v}^3, \boldsymbol{v}^4) = \boldsymbol{W}^v \boldsymbol{X},$$

然后计算相关分数 $\boldsymbol{A} = \boldsymbol{K}^{\mathrm{T}} \boldsymbol{Q}$, 即

$$\begin{pmatrix} \alpha_{1,1} & \alpha_{2,1} & \alpha_{3,1} & \alpha_{4,1} \\ \alpha_{1,2} & \alpha_{2,2} & \alpha_{3,2} & \alpha_{4,2} \\ \alpha_{1,3} & \alpha_{2,3} & \alpha_{3,3} & \alpha_{4,3} \\ \alpha_{1,4} & \alpha_{2,4} & \alpha_{3,4} & \alpha_{4,4} \end{pmatrix} = \begin{pmatrix} \boldsymbol{k}_1^{\mathrm{T}} \\ \boldsymbol{k}_2^{\mathrm{T}} \\ \boldsymbol{k}_3^{\mathrm{T}} \\ \boldsymbol{k}_4^{\mathrm{T}} \end{pmatrix} (\boldsymbol{q}_1, \boldsymbol{q}_2, \boldsymbol{q}_3, \boldsymbol{q}_4),$$

接下来对矩阵 $\boldsymbol{A}$ 作 softmax 映射:

$$\boldsymbol{A}' = \mathrm{softmax}(\boldsymbol{A}),$$

然后通过 $\boldsymbol{v}$ 向量和 $\boldsymbol{A}'$ 矩阵去计算最后输出矩阵:

$$\boldsymbol{O} = (\boldsymbol{b}_1, \boldsymbol{b}_2, \boldsymbol{b}_3, \boldsymbol{b}_4) = \boldsymbol{V}\boldsymbol{A}'.$$

总而言之, 在自注意力机制中, 每个序列元素会计算得到 $\boldsymbol{q}$, $\boldsymbol{k}$, $\boldsymbol{v}$, 根据 $\boldsymbol{q}$ 作用于注意力神经层来检查所有序列元素键的相似性, 并为每个序列元素返回一个不同的平均值向量. 其中所涉及的参数只有 $\boldsymbol{W}^{\boldsymbol{q}}$, $\boldsymbol{W}^{\boldsymbol{k}}$, $\boldsymbol{W}^{\boldsymbol{v}}$ 需要通过训练学习得到.

6.5.2 多头注意力机制

由于序列元素需要关注多个方面且加权平均值单一, 此时就需要用到多头注意力机制. 在注意力机制中寻找相关性时, 使用 $\boldsymbol{q}$ 去找 $\boldsymbol{k}$, 但是相关性可能有很多种不同的形式, 因此需要多个 $\boldsymbol{q}$ 负责不同种类的相关性. 下面以 2 头的注意力机制为例, 多头情况以此类推.

根据输入向量 $\boldsymbol{a}^i$ 可得相应的 $\boldsymbol{q}^i$, $\boldsymbol{k}^i$, $\boldsymbol{v}^i$, 此时将 $\boldsymbol{W}^{\boldsymbol{q},1}$, $\boldsymbol{W}^{\boldsymbol{q},2}$ 分别乘以向量 $\boldsymbol{q}^i$, 会得到对应向量 $\boldsymbol{q}^{i,1}$, $\boldsymbol{q}^{i,2}$, 过程如图 6.11 所示, 其计算公式为

$$\boldsymbol{q}^{i,1} = \boldsymbol{W}^{\boldsymbol{q},1}\boldsymbol{q}^i, \tag{6.5.5}$$

$$\boldsymbol{q}^{i,2} = \boldsymbol{W}^{\boldsymbol{q},2}\boldsymbol{q}^i. \tag{6.5.6}$$

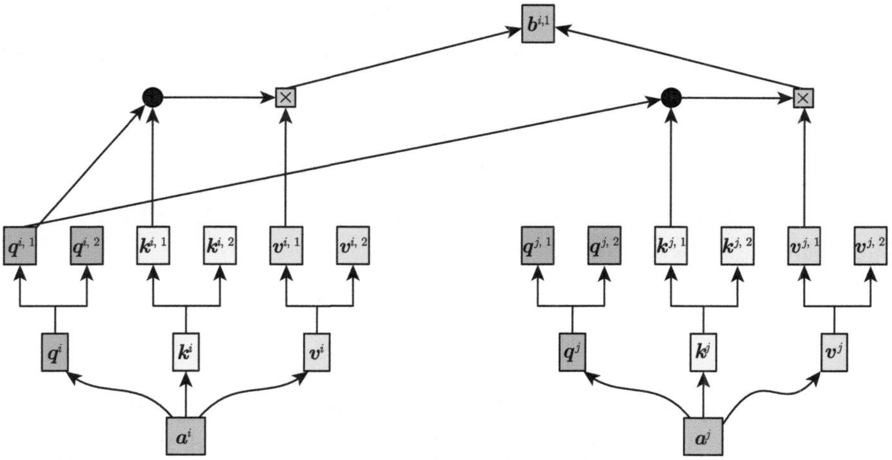

图 6.11 多头注意力机制运算过程

同理可得 $\boldsymbol{k}$ 和 $\boldsymbol{v}$ 对应的两个向量. 假设序列中另一个向量为 $\boldsymbol{a}^j$, 则如图 6.11 所示也会得到 6 个向量. 此时的 $\boldsymbol{q}^{i,1}$ 只需寻找上角标为 1 的 $\boldsymbol{k}^{i,1}$ 与 $\boldsymbol{k}^{j,1}$ 而不需要考虑上角标为 2 的 $\boldsymbol{k}^{i,2}$ 与 $\boldsymbol{k}^{j,2}$, 同理, 最后计算分数在与 $\boldsymbol{v}$ 相乘时, 也只考虑上角标为 1 的 $\boldsymbol{v}^{i,1}$ 与 $\boldsymbol{v}^{j,1}$ 向量. 最终得到向量 $\boldsymbol{b}^{i,1}$ 和 $\boldsymbol{b}^{i,2}$, 再通过变换矩阵 $\boldsymbol{W}^O$ 得到 $\boldsymbol{b}^i$:

$$\boldsymbol{b}^i = \boldsymbol{W}^O \begin{pmatrix} \boldsymbol{b}^{i,1} \\ \boldsymbol{b}^{i,2} \end{pmatrix}, \tag{6.5.7}$$

多头注意力的关键特征之一是它相对于输入具有置换同变性, 因而它将输入视为一组元素, 而不是序列.

6.5.3 位置编码

到目前为止, 不难发现自注意力机制缺失一个重要的东西——位置信息. 当输入一个序列时, 自注意力机制无法定位某一个向量在序列中的具体位置. 在词性标注任务中, 我们知道动词不经常出现在句首, 因此句子的第一个单词为动词的概率较低. 而由于注意力机制的置换同变性使其无法区分输入在序列中的位置, 故在考虑位置信息时, 需要利用位置编码技术为每一个位置设定一个位置向量, 用 $\boldsymbol{e}^i$ 来表示, 此时输入变成了 $\boldsymbol{e}^i + \boldsymbol{a}^i$. 至于如何对 $\boldsymbol{e}^i$ 进行编码, 可以参考文献 [64].

6.5.4 编码器

在 Transformer 里面, 编码器结构就用到了自注意力机制. 在编码器中会出现很多的块结构, 这里的块结构并不是一层神经元, 准确说是很多层神经元, 将数据输送到块结构会输出相应的向量, 如此反复就构成了编码器. 下面介绍编码器结构 (图 6.12) 中块结构的具体内容.

将序列向量输入自注意力层可以得到一个相应的向量, 在 Transformer 里面运用了残差连接, 即输出向量还要加上原来输入的向量得到一个新的向量 $(x_1, x_2, \cdots, x_k)$, 其余向量同理. 之后将新得到的向量进行归一化处理得到向量 $(x_1', x_2', \cdots, x_k')$, 即

$$x_i' = \frac{x_i - \mu}{\sigma}, \tag{6.5.8}$$

其中 μ 与 σ 分别为这组向量的均值和标准差. 此时归一化向量作为全连接层的输入, 且经过全连接层时也要用到残差连接得到输出向量, 再进行归一化后得到的向量才是块结构的最终输出值.

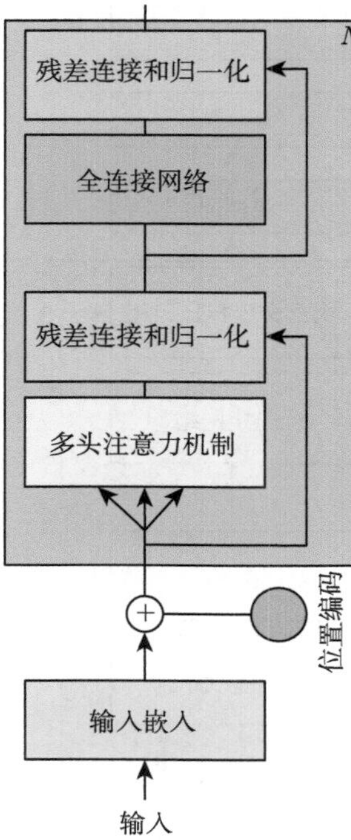

图 6.12 编码器结构

由于 Transformer 层级很深, 残差连接则保证了模型梯度的流动. 此外因为注意力层会忽略掉元素的位置, 若没有残差连接, 对于原始序列的信息就会丢失, 若删除残差连接就会出现信息在第一个注意力层之后丢失的现象. 同样归一化层在发挥着重要作用, 它可以加快训练速度.

那么 Transformer 的编码器是固定设计吗? 如果不这么设计可不可以呢? 答案是可以的. 上述所描述的编码器架构是最原始的设计. 为什么上面的结构是先残差连接后归一化呢? 考虑最简单的变动方式, 如果先归一化后进行残差连接, 效果会是怎样的呢? 很多的设计架构完全可以由自己设定, 再去评估它的结果.

6.5.5 解码器

下面将以语音识别任务为例详细介绍解码器结构以及 Transformer 架构中编码器、解码器的运作机制. 现在有一段声音讯号——自然语言, 我们想要将这段声音讯号输入到编码器和解码器中使其最后输出 "自然语言" 这四个字. 根据前文编码器知识, 将声音序列向量输入编码器生成对应的向量, 然后将生成的向量输送到前文的解码器, 至于是如何输入到解码器中的, 后续会详细进行介绍. 现在我们考虑解码器 (结构如图 6.13 所示) 的运作机理. 解码器分为自回归、非自回归两种解码器.

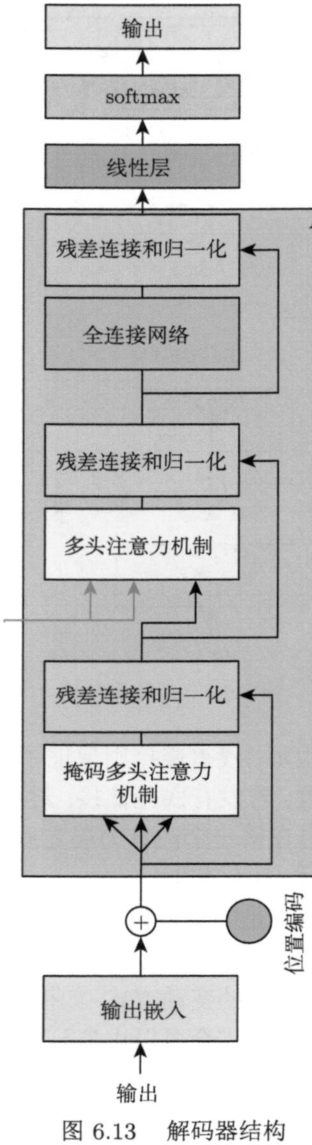

图 6.13　解码器结构

6.5.5.1　自回归解码器

与编码器不同, 解码器的输入有一个特殊的符号——句子开始 (begin of sentence, BOS), 它是一个特殊的标记输入, 可以理解为一个特殊的 "汉字", 也可以采取 One-Hot 编码表示成向量形式. 之后将 begin 和编码器的输出通过解码器会输出一个很长的向量, 这个长度要和现代汉语的长度相同且每个汉字对应一个得分. 分数最高的对应的汉字即为“此时”最终的输出. 对于本例而言, 此时输出的应该是“自”字. 接下来我们要把上一个输出的“自”字当作解码器新的输入, 因此现在对于解码器的输入有两个: “begin”“自”. 再加上解码器的输出并重复上述过程会得到“然”这个字, 将其作为新的输入并结合前面的“begin”“自”继续重复运用, 就会得到最后一个字的输出“言”. 但是机器是不知道何时要停下来的, 它可能在“言”字后面继续翻译声音讯号, 会错误产生“之”等字. 所以对这种情况我们需要继续用一个特殊的符号——结束, 它和前面的“begin”一样, 当在“言”字之后会输出“end”, 此时才完成正确的声音识别任务.

解码器的内部结构和编码器的结构很相似, 如果将解码器中间的多头注意力遮住, 可以观察到二者结构很相似. 同时不难发现解码器中第一个注意力机制为掩码多头注意力机制, 这个关键词在于掩码部分. 考虑上述解码器的运作机理, 当生成第二字“然”时将“begin”“自”“然”作为输入, 那么此时这三个向量使用多头注意力机制时只会考虑现有的三个元素, 而后面的“语”“言”两个向量此时并没有作为输入向量, 所以不需要考虑二者, 即在用多头注意力机制时, 无须计算这两个字的关联性, 也相当于最原始多头注意力机制将后面两个向量掩盖, 这就是所谓的掩码多头注意力机制.

6.5.5.2 非自回归解码器

与自回归解码器不同的是, 非自回归解码器不是一个重复迭代过程, 可以直接将多个“begin”输入到非自回归 (non-autoregressive, NAT) 解码器中会生成对应的结果. 但现在的问题是不知道最后要生成序列的长度. 最简单的做法是人为设定长度, 或者训练一个分类器, 这个分类器的输入是编码器的输出, 最后分类器会输出一个可以当作想要生成的序列长度的数字.

不难发现, 非自回归的运作时间要比自回归短, 当有长度为 100 的序列时, 自回归要重复 100 次, 而非自回归编码器只需要 1 次就可以完成任务. 但实际效果中非自回归远比不上自回归, 这也是现在所聚焦的问题, 如何让非自回归的效果逼近自回归的效果, 这需要很多的训练技巧.

6.5.6 交叉注意力机制

上面分别讲述了编码器和解码器的内部结构和运作机理后还遗留下一个问题——编码器的输出是如何输入进解码器中的呢? 答案在于交叉注意力机制的使用——它是连接编码器和解码器的桥梁. 下面详细介绍它的工作原理 (图 6.14).

设现有编码器的输出为 $\boldsymbol{a}^1$, $\boldsymbol{a}^2$ 和 $\boldsymbol{a}^3$. 将“begin”输入到掩码多头注意力机制后会产生一个向量, 通过变换矩阵得到向量 $\boldsymbol{q}$, 这个就是前面所讲的查询. 同理, 将 $\boldsymbol{a}^1$, $\boldsymbol{a}^2$ 和 $\boldsymbol{a}^3$ 变换相乘相应的 $\boldsymbol{k}$, $\boldsymbol{v}$ 向量, 分别得到 $\boldsymbol{k}^1$, $\boldsymbol{k}^2$, $\boldsymbol{k}^3$, $\boldsymbol{v}^1$, $\boldsymbol{v}^2$ 和 $\boldsymbol{v}^3$ 向

量. 此时通过 $\boldsymbol{q}$ 查询每一个 $\boldsymbol{k}$ 的关联性后计算得分 α_1', α_2' 和 α_3'. 然后将每一个分数与对应的 $\boldsymbol{v}$ 向量相乘再相加得出最后向量, 这个向量就是全连接层的输入向量. 不难发现, $\boldsymbol{q}$ 来自解码器而 $\boldsymbol{k}$, $\boldsymbol{v}$ 来自编码器, 这个步骤就是交叉注意力机制. 接下来将解码器中的输出 "自" 当作下一次的输入, 重复上述过程, 继续运用交叉注意力机制.

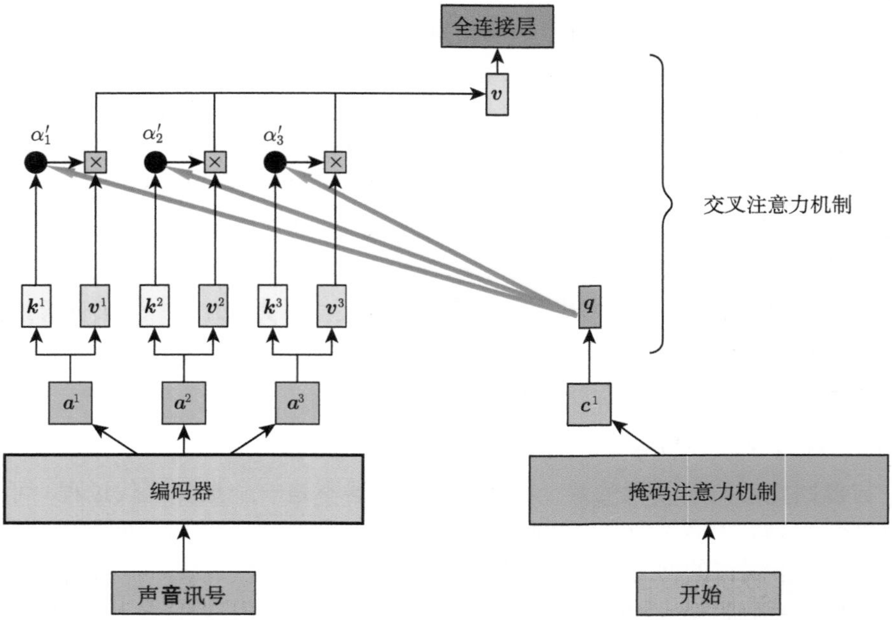

图 6.14 交叉注意力机制计算流程

在最原始的 Transformer 中, 是将编码器最后一层输出分别输送到解码器不同的层中. 但我们也可以尝试新的想法构建不同的连接方式.

6.5.7 Transformer 架构的应用

上述示例为 NLP 中的语音识别任务, 但 Transformer 还可以用在其他领域. 例如在计算机视觉任务中, Transformer 在图像分类、图像分割等任务中也表现优异, 而且在图像和视频生成方面可以根据文本描述进行生成图像. 当处理涉及文本、图像和其他类型数据多模态任务时, 也可以应用 Transformer. 使用 Transformer 的 GPT-4 在跨模态学习和生成中展现了强大的性能.

6.6 习　　题

1. 点积注意力计算方式为

$$\text{Attention}(\boldsymbol{Q}, \boldsymbol{K}, \boldsymbol{V}) = \text{softmax}\left(\frac{\boldsymbol{Q}\boldsymbol{K}^{\mathrm{T}}}{\sqrt{d}}\right)\boldsymbol{V},$$

其中，$\boldsymbol{Q}$, $\boldsymbol{K}$, $\boldsymbol{V}$ 三个矩阵的维度为 $T \times d$, T 为序列长度, d 为查询、键或值的维度. 为什么在进行 softmax 层之前要除以 $\sqrt{d}$? 请用数学公式进行推导.

2. 描述 RNN 在处理序列数据时的状态更新过程.

3. 在时间序列预测中, 如何使用 RNN 来处理具有多个变量的数据?

4. 解释多头注意力机制的基本原理.

参 考 文 献

[1] Horn R A, Johnson C R. Matrix Analysis[M]. Cambridge: Cambridge University Press, 2012.

[2] Lay D C. Linear Algebra and its Applications[M]. New Delhi: Pearson Education India, 2003.

[3] Deisenroth M P, Faisal A A, Ong C S. Mathematics for Machine Learning[M]. Cambridge: Cambridge University Press, 2020.

[4] James G, Witten D, Hastie T, et al. An Introduction to Statistical Learning[M]. New York: Springer, 2013.

[5] Markovsky I. Low Rank Approximation: Algorithms, Implementation, Applications[M]. London: Springer, 2012.

[6] Bertsekas D, Tsitsiklis J N. Introduction to Probability[M]. Massachusetts: Athena Scientific, 2008.

[7] Khuri A I. Advanced Calculus with Applications in Statistics[M]. 2nd ed. Hoboken: John Wiley & Sons, 2003.

[8] Boyd S, Vandenberghe L. Convex Optimization[M]. Cambridge: Cambridge University Press, 2004.

[9] Lleo S. Machine Learning: An applied mathematics introduction[J]. Quantitative Finance, 2020, 20(3): 359-360.

[10] Guo X X, Xiong N N, Wang H Y, et al. Design and analysis of a prediction system about influenza-like illness from the latent temporal and spatial information[J]. IEEE Transactions on Systems, Man, and Cybernetics: Systems, 2022, 52(1): 66-77.

[11] Dhillon I S. Co-clustering documents and words using bipartite spectral graph partitioning[C]. Proceedings of the Seventh ACM SIGKDD International Conference on Knowledge Discovery and Data Mining, 2001: 269-274.

[12] Belkin M, Niyogi P. Laplacian eigenmaps for dimensionality reduction and data representation[J]. Neural Computation, 2003, 15(6): 1373-1396.

[13] Kwon K H, Xu W W, Wang H Y, et al. Spatiotemporal diffusion modeling of global mobilization in social media: The case of the 2011 Egyptian revolution[J]. International Journal of Communication, 2016, 10: 73-97.

[14] Kwon K H, Wang H, Raymond R, et al. A spatiotemporal model of twitter information diffusion: An example of Egyptian revolution 2011[C]. Proceedings of the 2015 International Conference on Social Media & Society, 2015: 1-7.

[15] Wang F, Wang H, Xu K. Diffusive logistic model towards predicting information diffusion in online social networks[C]. 2012 32nd International Conference on Distributed Computing Systems Workshops. IEEE, 2012: 133-139.

[16] Potter C W. A history of influenza[J]. Journal of Applied Microbiology, 2001, 91(4): 572-579.

[17] Patterson K D, Pyle G F. The geography and mortality of the 1918 influenza pandemic[J]. Bulletin of the History of Medicine, 1991, 65(1): 4-21.

[18] Mills C E, Robins J M, Lipsitch M. Transmissibility of 1918 pandemic influenza[J]. Nature, 2004, 432(7019): 904-906.

[19] Gilbertson D T, Rothman K J, Chertow G M, et al. Excess deaths attributable to influenza-like illness in the ESRD population[J]. Journal of the American Society of Nephrology, 2019, 30(2): 346-353.

[20] Fan V Y, Jamison D T, Summers L H. Pandemic risk: How large are the expected losses?[J]. Bulletin of the World Health Organization, 2018, 96(2): 129-134.

[21] Biggerstaff M, Jhung M A, Reed C, et al. Influenza-like illness, the time to seek healthcare, and influenza antiviral receipt during the 2010 - 2011 influenza season—United States[J]. The Journal of Infectious Diseases, 2014, 210(4): 535-544.

[22] Cauchemez S, Valleron A J, Boëlle P Y, et al. Estimating the impact of school closure on influenza transmission from Sentinel data[J]. Nature, 2008, 452(7188): 750-754.

[23] Polgreen P M, Chen Y L, Pennock D M, et al. Using internet searches for influenza surveillance[J]. Clinical Infectious Diseases, 2008, 47(11): 1443-1448.

[24] Ginsberg J, Mohebbi M H, Patel R S, et al. Detecting influenza epidemics using search engine query data[J]. Nature, 2009, 457(7232): 1012-1014.

[25] Butler D. When Google got flu wrong [J]. Nature, 2013, 494(7436): 155-156.

[26] Lazer D, Kennedy R, King G, et al. The parable of Google Flu: Traps in big data analysis[J]. Science, 2014, 343(6176): 1203-1205.

[27] Broniatowski D A, Paul M J, Dredze M. Twitter: Big data opportunities[J]. Science, 2014, 345(6193): 148.

[28] Wang F, Wang H, Xu K, et al. Regional level influenza study with geo-tagged Twitter data[J]. Journal of Medical Systems, 2016, 40: 189.

[29] Hu H, Wang H, Wang F, et al. Prediction of influenza-like illness based on the improved artificial tree algorithm and artificial neural network[J]. Scientific Reports, 2018, 8(1): 4895.

[30] McIver D J, Brownstein J S. Wikipedia usage estimates prevalence of influenza-like illness in the United States in near real-time[J]. PLoS Computational Biology, 2014, 10(4): e1003581.

[31] Generous N, Fairchild G, Deshpande A, et al. Global disease monitoring and forecasting with Wikipedia[J]. PLoS Computational Biology, 2014, 10(11): e1003892.

[32] Lee K, Agrawal A, Choudhary A. Forecasting influenza levels using real-time social media streams[C]. 2017 IEEE International Conference on Healthcare Informatics (ICHI). IEEE, 2017: 409-414.

[33] Santillana M, Nguyen A T, Dredze M, et al. Combining search, social media, and traditional data sources to improve influenza surveillance[J]. PLoS Computational Biology, 2015, 11(10): e1004513.

[34] Xue H, Bai Y, Hu H, et al. Influenza activity surveillance based on multiple regression model and artificial neural network[J]. IEEE Access, 2018, 6: 563-575.

[35] Yang W, Lipsitch M, Shaman J. Inference of seasonal and pandemic influenza transmission dynamics[J]. Proceedings of the National Academy of Sciences of the United States of America, 2015, 112(9): 2723-2728.

[36] Hethcote H W. The mathematics of infectious diseases[J]. SIAM Review, 2000, 42(4): 599-653.

[37] Degue K H, Le Ny J. An interval observer for discrete-time SEIR epidemic models[C]. 2018 Annual American Control Conference (ACC). IEEE, 2018: 5934-5939.

[38] Guo X, Sun Y, Ren J. Low dimensional mid-term chaotic time series prediction by delay parameterized method[J]. Information Sciences, 2020, 516: 1-19.

[39] Zhou C, Huang S, Xiong N, et al. Design and analysis of multimodel-based anomaly intrusion detection systems in industrial process automation[J]. IEEE Transactions on Systems, Man, and Cybernetics: Systems, 2015, 45(10): 1345-1360.

[40] Zhang Q, Zhou C, Xiong N, et al. Multimodel-based incident prediction and risk assessment in dynamic cybersecurity protection for industrial control systems[J]. IEEE Transactions on Systems, Man, and Cybernetics: Systems, 2016, 46(10): 1429-1444.

[41] Guo X, Xie X, Ren J, et al. Plastic dynamics of the $Al_{0.5}CoCrCuFeNi$ high entropy alloy at cryogenic temperatures: Jerky flow, stair-like fluctuation, scaling behavior, and non-chaotic state[J]. Applied Physics Letters, 2017, 111(25): 251905.

[42] Ren J L, Chen C, Liu Z Y, et al. Plastic dynamics transition between chaotic and self-organized critical states in a glassy metal via a multifractal intermediate[J]. Physical Review B, 2012, 86(13): 134303.

[43] Sun J, Yang Y, Xiong N N, et al. Complex network construction of multivariate time series using information geometry[J]. IEEE Transactions on Systems, Man, and Cybernetics: Systems, 2019, 49(1): 107-122.

[44] Takens F. Dynamical Systems and Turbulence[M]. London: Springer, 1981.

[45] Fraser A M, Swinney H L. Independent coordinates for strange attractors from mutual information[J]. Physical Review A, 1986, 33(2): 1134-1140.

[46] Wolf A, Swift J B, Swinney H L, et al. Determining Lyapunov exponents from a time series[J]. Physica D: Nonlinear Phenomena, 1985, 16(3): 285-317.

[47] Ren J, Chen C, Wang G, et al. Various sizes of sliding event bursts in the plastic flow of metallic glasses based on a spatiotemporal dynamic model[J]. Journal of Applied Physics, 2014, 116(3): 033520.

[48] Pincus S M. Approximate entropy as a measure of system complexity[J]. Proceedings of the National Academy of Sciences of the United States of America, 1991, 88(6): 2297-2301.

[49] Pincus S M, Gladstone I M, Ehrenkranz R A. A regularity statistic for medical data analysis[J]. Journal of Clinical Monitoring, 1991, 7(4): 335-345.

[50] Deyle E R, Sugihara G. Generalized theorems for nonlinear state space reconstruction[J]. PLoS One, 2011, 6(3): e18295.

[51] Lowe D, Broomhead D. Multivariable functional interpolation and adaptive networks[J]. Complex Systems, 1988, 2(3): 321-355.

[52] Girosi F, Poggio T. Networks and the best approximation property[J]. Biological Cybernetics, 1990, 63(3): 169-176.

[53] Moody J, Darken C J. Fast learning in networks of locally-tuned processing units[J]. Neural Computation, 1989, 1(2): 281-294.

[54] Xiao L, Guo X X, Sun Y T, et al. Sparse identification-assisted exploration of the atomic-scale deformation mechanism in multiphase CoCrFeNi high-entropy alloys[J]. Science China Technological Sciences, 2024, 67(4): 1124-1132.

[55] Li J, Fang Q H, Liu B, et al. Transformation induced softening and plasticity in high entropy alloys[J]. Acta Materialia, 2018, 147: 35-41.

[56] Fang Q H, Chen Y, Li J, et al. Probing the phase transformation and dislocation evolution in dual-phase high-entropy alloys[J]. International Journal of Plasticity, 2019, 114: 161-173.

[57] Mahata A, Asle Zaeem M. Evolution of solidification defects in deformation of nano-polycrystalline aluminum[J]. Computational Materials Science, 2019, 163: 176-185.

[58] Liu J P, Guo X X, Lin Q Y, et al. Excellent ductility and serration feature of metastable CoCrFeNi high-entropy alloy at extremely low temperatures[J]. Science China Materials, 2019, 62(6): 853-863.

[59] Yu L P, Guo X X, Wang G, et al. Extracting governing system for the plastic deformation of metallic glasses using machine learning[J]. Science China. Physics, Mechanics & Astronomy, 2022, 65(6): 264611.

[60] Brunton S L, Proctor J L, Kutz J N. Discovering governing equations from data by sparse identification of nonlinear dynamical systems[J]. Proceedings of the National Academy of Sciences of the United States of America, 2016, 113(15): 3932-3937.

[61] Hidary J D. Quantum Computing: An Applied Approach[M]. Cham: Springer, 2019.

[62] Nielsen M A, Chuang I L. Quantum Computation and Quantum Information[M]. Cambridge: Cambridge University Press, 2010.

[63] Vaswani A, Shazeer N, Parmar N, et al. Attention is all you need[Z]. Advances in Neural Information Processing Systems (NIPS 2017), 2017.

[64] Liu X, Yu H F, Dhillon I, et al. Learning to encode position for transformer with continuous dynamical model[C]. International Conference on Machine Learning. PMLR, 2020: 6327-6335.